驾驭AI做助手

王 菁
徐 娟
王 莉 ◎著

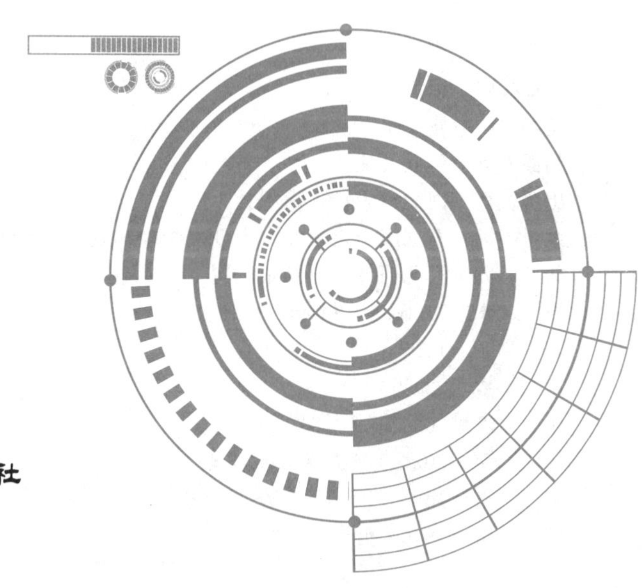

河北科学技术出版社
·石家庄·

图书在版编目（CIP）数据

与ChatGPT对话 : 驾驭AI做助手 / 王菁，徐娟，王莉著. -- 石家庄 : 河北科学技术出版社，2024.4
ISBN 978-7-5717-2017-9

Ⅰ. ①与… Ⅱ. ①王… ②徐… ③王… Ⅲ. ①人工智能 Ⅳ. ①TP18

中国国家版本馆CIP数据核字(2024)第076412号

与ChatGPT对话：驾驭AI做助手
YU ChatGPT DUIHUA：JIAYU AI ZUO ZHUSHOU
王菁 徐娟 王莉 著

责任编辑 李 虎
责任校对 徐艳硕
美术编辑 张 帆
封面设计 优盛文化
出版发行 河北科学技术出版社
地 址 石家庄市友谊北大街 330 号（邮编：050061）
印 刷 河北万卷印刷有限公司
开 本 710mm×1000mm 1/16
印 张 15.5
字 数 221 千字
版 次 2024 年 4 月第 1 版
印 次 2024 年 4 月第 1 次印刷
书 号 ISBN 978-7-5717-2017-9
定 价 79.00 元

最强 AI——ChatGPT 有多能聊

在生活和工作中每个人都有自己的“圈子”，有的人融入的“圈子”数量少，有的人融入的“圈子”数量多，但不论是谁都不可能和所有圈子的人聊得开，因为总会有一些话题是其参与不进去的。

然而，最强人工智能 ChatGPT 的出现，打破了这一局限，它能够和所有人聊得开，因为它“上知天文，下知地理”，可谓“无所不知”。只要是你能想到的，甚至想不到的，它都能聊。是的，你没看错，无论是从深奥的物理学定理，到吃喝玩乐，ChatGPT 都能与你聊得“头头是道”。

如果你是一名艺术爱好者，那你可以和 ChatGPT 聊梵·高的《星空》《向日葵》；也可以和 ChatGPT 聊马格利特的《苹果》《这不是一只烟斗》；还可以和 ChatGPT 聊莫奈的《睡莲》《印象日出》等。无论是哪个国家，哪个时代的画家或者音乐家，ChatGPT 无所不知。

如果你是一名科幻爱好者，那你可以和 ChatGPT 一起聊海因莱因的《星际迷航》作品中的科幻元素；也可以和 ChatGPT 一起聊阿西莫夫的《银河帝国》系列中的浩瀚银河；还可以和 ChatGPT 一起聊刘慈欣的《三体》中的“面壁者”等。无论是哪一本科幻作品抑或科幻影视，ChatGPT 都对这些作品了如指掌。

如果你是一名美食爱好者，那你可以和 ChatGPT 一起聊那色泽红艳、肉质细嫩、味道醇厚、肥而不腻的北京烤鸭；也可以和 ChatGPT 一起聊味道鲜美、营养丰富的新疆烤羊肉串；还可以和 ChatGPT 一起聊肉香不柴、色泽鲜嫩、酥软适口的河北驴肉火烧等。不论是国内的还是国外的美食，

ChatGPT 都可以对它做出评价，甚至还可以告诉你这些美食的做法。

总之一句话，你可以把 ChatGPT 当作一个无所不知的朋友或老师，一个只要有网、有电就永远不会消失的“全知”，你睡觉时它不睡，你想聊天时它能瞬间开启和你对话的人工智能，可以一直聊到“天荒地老”的 AI。

由王菁、徐娟、王莉共同撰写的本专著将带你开启 ChatGPT 学习之旅，从办公、写作、绘画、编程等多个领域，分七个章节，带你领略 ChatGPT 的优越之处，同时结合案例详细讲解 ChatGPT 的提问技巧，全面展现 ChatGPT 在各个领域的应用场景和应用价值。本书适合广大 AI 爱好者、从业者和使用者阅读。由于人工智能技术发展迅速，更新迭代的周期越来越短，本书中所提及内容可能会被新的内容所替代，本书在写作过程中，与 ChatGPT 的问答内容均为自动生成，可能存在不足与错误，请广大读者批评指正。

著　者

2023 年 9 月

目　录

第1章

正确提问，让你成为办公达人

1.1 ChatGPT+PPT，5 分钟搞定年终总结 PPT

对于大多数打工人而言，每到年终时都会碰到让自己头疼的事情——年终总结 PPT 的制作。

职工在完成平常工作的同时还需要在年终总结大会之前完成一份甚至几份合格的 PPT，这会占用工作之外的时间。尤其对于平常工作中不经常接触 PPT 的人来说，这就是一件让人头疼的差事。

所以，每到这个时候很多人都会在网上搜索大量的 PPT 教学视频，然后边学习边制作，最终耗费几天甚至十多天的时间才制作出令自己满意的 PPT。

不过如今到了 2023 年，ChatGPT 横空出世，只要学会使用 ChatGPT，那么制作 PPT 就是张飞吃豆芽——小菜一碟。借助 ChatGPT，5 分钟就能搞定年终总结 PPT。

使用者只需要使用“给我做一份主题是 ×××× 的 PPT”这个汇报指令，就可以获得 ChatGPT 写得 PPT 大纲，接着再对大纲中不甚了解的地方进一步追问即可。

比如以“年终个人工作总结”为主题让 ChatGPT 生出一份 PPT 大纲，如下所示。

我：给我做一份主题是年终个人工作总结的 PPT。

ChatGPT：当然，我可以帮你设计一个年终个人工作总结的 PPT 大纲和内容。以下是一个可能的提纲以及每个幻灯片的内容简述：

幻灯片 1：封面页

标题：年终个人工作总结

子标题：你的名字、职位

图片：可以选择与你的工作相关的图像

日期：报告时间

幻灯片 2：目录

介绍

主要成就

遇到的挑战

未来计划

总结与致谢

幻灯片 3：介绍

个人介绍

工作角色与职责

年度工作目标

幻灯片 4：主要成就

年度目标完成情况

主要项目 / 任务完成情况

其他值得一提的成就

幻灯片 5：遇到的挑战

遇到的主要问题与挑战

解决方案和应对措施

幻灯片 6：未来计划

下一年的工作目标

计划参与的项目或培训

幻灯片 7：总结与致谢

年度工作感悟

致谢领导、同事和团队

幻灯片8：Q&A（可选）

预留时间回答观众的问题

请根据自己的具体情况对上述内容进行调整和补充。你可以根据需要添加图片、图表、数据等，以使演示更加生动和形象。如果你需要更具体的内容或其他帮助，请告诉我。

从上面的回答中可以看出，ChatGPT 给出的 PPT 大纲条理清晰，列出了完整的汇报思路，使用者完全可以按照这个大纲，制作个人年终工作汇报的 PPT，有了大纲之后再进行 PPT 的制作必然会快上许多。

当然，只是一个大纲的话，虽然能够加快制作 PPT 的速度，但是这还不够快，这时使用者可以基于这个大纲，让 ChatGPT 继续给出更详细的内容，如下所示。

我：给出一份上面 PPT 中的简洁且有效的自我介绍大纲模板。

ChatGPT：当然！既然这个自我介绍要放在年终个人工作总结的 PPT 中，我们可以让它更聚焦于工作和职业方面的内容。以下是一个简洁且有效的自我介绍大纲模板：

幻灯片3：个人介绍

1. 姓名与职位

姓名

当前职位及部门

2. 工作角色与职责

主要工作职责

所参与的关键项目或团队

3. 年度工作目标

本年度设定的主要工作目标

已完成的目标

4. 专业技能与成就（可选）

拥有的专业资格或技能证书

在工作中取得的重要成就

5. 结尾

表达对工作的热爱和承诺

对团队和领导的感谢

该自我介绍大纲突出了工作和职业方面的内容，适合放在年终总结 PPT 中。你可以根据实际情况进行微调，以更好地反映你的工作经历和成就。

在上面的回答中，ChatGPT 给出了很详细的个人介绍板块的模板。按照这样的方式，只要让 ChatGPT 把每一部分的详细内容写出，然后将其整合在一起，就可以得到一份完整的 PPT。

当然，除了可以逐个地让 ChatGPT 给出详细内容，使用者也可以让 ChatGPT 详细展开所有板块。不过需要注意的是，ChatGPT 有可能无法一次性写出这么多文字，这时使用者需要下命令让其继续补充，如下所示。

我：请基于第一次给出的大纲内容，补充每一页 PPT 的具体内容，就以一名房产销售人员为例。

ChatGPT：当然！以下是针对一名房产销售人员的年终个人工作总结

PPT 的具体内容：

幻灯片 1：封面页

标题：2022 年度工作总结

子标题：房产销售部 - 张三

图片：房产图像或公司 LOGO

日期：报告时间

幻灯片 2：目录

介绍

主要成就

遇到的挑战

未来计划

总结与致谢

幻灯片 3：介绍

姓名：张三

职位：房产销售顾问

工作职责：客户拓展、房源推荐、合同签署等

本年度工作目标：达到销售目标、提高客户满意度

幻灯片 4：主要成就

完成销售目标的 120%

成功协助 50 个家庭找到合适房源

获得“优秀销售人员”称号

幻灯片 5：遇到的挑战

市场竞争激烈

客户需求多样化

如何提升自己的专业知识和服务质量

幻灯片 6：未来计划

提升专业技能，例如取得房地产经纪人资格证

扩大客户基础，提高客户满意度

争取获得下一年的销售冠军

幻灯片7：总结与致谢

感悟：对房产销售的理解，服务至上的理念

致谢：感谢领导的指导、团队的支持、客户的信任

幻灯片8：Q&A（可选）

预留时间回答观众的问题

这个PPT内容主要突出房产销售人员的工作特点和个人成就，你可以根据自己的实际情况进行调整和补充。希望这可以帮助你！

在上面的对话中，笔者以房产销售人员的身份，让ChatGPT展开PPT大纲的各个章节，详细地列出了内容。

在这些内容的帮助下，使用者可以很快地完成年终总结PPT。ChatGPT这种列点式的回答，比在浏览器上搜索得到的大段文字要好很多，从而提高了PPT制作效率。

另外，因为ChatGPT只能以文本的方式回答提问，所以无法直接生成带有图片的PPT，但是依然有方法解决这个问题。

只要先在ChatGPT中输入一句话“发图片时请使用Markdown，不要涉及斜线，不要使用代码块，使用unsplash_API(https://source.unsplash.com/1080×720/?< 关键词 >)，如果理解了，就回复OK”。

发完这句话后，再输入自己对PPT的要求，从而让ChatGPT生成PPT。

此时，如果PPT中有图片，ChatGPT就会自动配图并显示出来，如下所示。

我：发图片时请使用Markdown，不要涉及斜线，不要使用代码块，使

用 unsplash_API(https://source.unsplash.com/1080×720/?<关键词>)，如果理解了，就回复 OK。

ChatGPT：了解，您想要通过使用 Unsplash 的 API 链接来插入图片，并用关键词来选择图片。请告诉我您想做什么，我会尽量帮助您。OK!

我：帮我写一份有关人工智能的 PPT，里面涉及的图片一定要贴合主题。

ChatGPT：当然！以下是一份关于人工智能（AI）的 PPT 概要和相关图片链接。由于这里无法直接创建 PPT 文件，我将为每个幻灯片提供文本和相应的图片链接，您可以根据需要复制到您的 PPT 应用中。

幻灯片 1：封面
标题：人工智能：现今与未来
副标题：深入了解 AI 的原理、应用和未来趋势
图片：如图 1-1 所示。

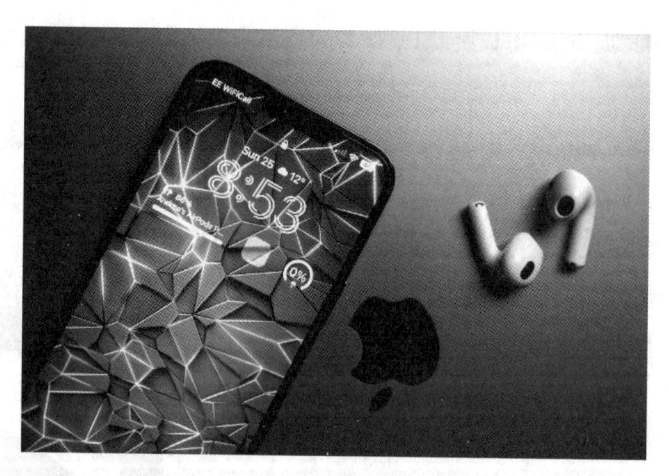

图 1-1　ChatGPT 提供的图片

从上面的问答中，可以发现 ChatGPT 理解了输入内容并回复了 OK。在

接下来制作的 PPT 中需要插入图片时，ChatGPT 并没有用网址代替，而是直接显示出了所用的图片，为使用者省去了为 PPT 配图的时间，极大地提高了工作效率。

熟练掌握这些方法之后，再制作年终总结 PPT 或其他主题的 PPT，就会事半功倍！

上面的两种方法基本可以满足人们的需求，但是还无法真正做到 5 分钟就制作出一份完整的 PPT。

虽然 ChatGPT 给出了文稿和图，但是人们还需要将这些文稿和图转为 PPT 格式的文件，即一页一页地复制粘贴，而且 PPT 模板的选择也有一定的工作量。

如果你不想再耗费时间，而是想直接得到一份完整的 PPT，那么还可以借助 MINDSHOW 软件，直接一键生成 PPT 并导出。

首先，在让 ChatGPT 书写 PPT 时不要直接输出文字，而是让 ChatGPT 以 Markdown 的形式输出内容。其次，直接复制 ChatGPT 给出的代码并将其导入 MINDSHOW 中。最后，选择模板，一键生成想要得到的 PPT，如下所示。

我：请把上方完整的 PPT 内容以及配图，用 Markdown 语言编写成代码输出。

ChatGPT：当然，以下是使用 Markdown 语言编写的有关人工智能的 PPT 内容和配图。

```
# 人工智能：现今与未来
## 深入了解 AI 的原理、应用和未来趋势
![AI Cover](https://source.unsplash.com/1080×720/?ArtificialIntelligence)
```

```
## 目录
- 人工智能简介
- 机器学习和深度学习
- AI 的应用领域
- 伦理和社会影响
- 未来展望
## 人工智能简介
人工智能的定义，发展历程和基本原理
![AI Introduction](https://source.unsplash.com/1080×720/?AI,Introduction)
## 机器学习和深度学习
机器学习的类型，深度学习的网络结构，训练模型等
![Machine Learning](https://source.unsplash.com/1080×720/?MachineLearning,DeepLearning)
## AI 的应用领域
医疗、金融、交通、娱乐等行业的 AI 应用
![AI Applications](https://source.unsplash.com/1080×720/?AI,Applications)
## 伦理和社会影响
AI 对就业、隐私、安全等方面的影响，伦理挑战
![AI Ethics](https://source.unsplash.com/1080×720/?AI,Ethics)

## 未来展望
AI 的未来方向，潜力，挑战与机遇
![AI Future](https://source.unsplash.com/1080×720/?AI,Future)
## 总结
主要观点的回顾和感谢观众
![AI Conclusion](https://source.unsplash.com/1080×720/?AI,Conclusion)
```

这些 Markdown 代码可以在支持 Markdown 的编辑器中渲染，并可以用来创建具有相关图像和文本内容的文档或幻灯片。

如果您有任何其他要求或问题，请告诉我。

ChatGPT 使用 Markdown 语言生成 PPT 之后，使用者可以直接复制以上代码，然后将其粘贴在 MINDSHOW 软件的导入框中，如图 1–2 所示。

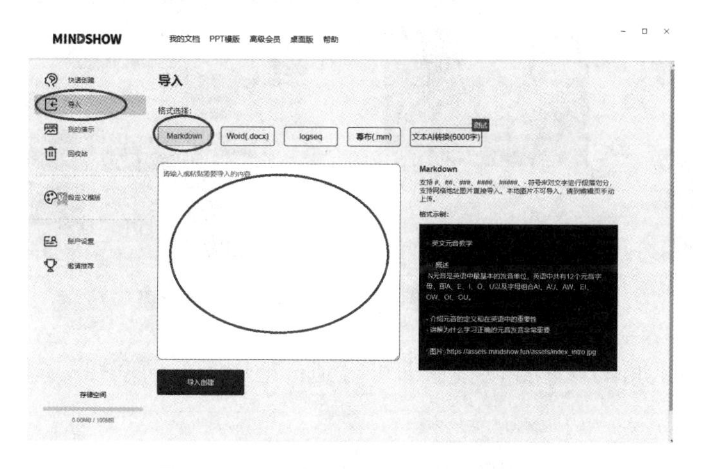

图 1–2 MINDSHOW 导入代码位置

将 Markdown 语言粘贴在空白处后，点击“导入创建”，接下来等待创建完成即可，如图 1–3 所示。

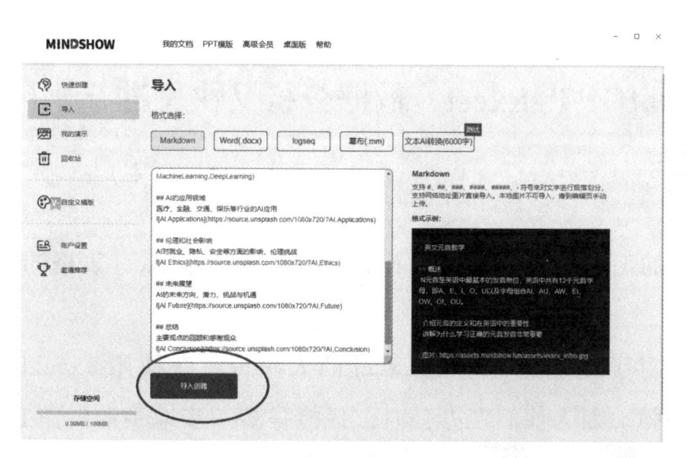

图 1–3 导入代码后创建 PPT

在创建完成后的界面中，选择自己满意的模板后点击界面右上角的“演示”按钮即可观看效果，如图 1–4 所示。

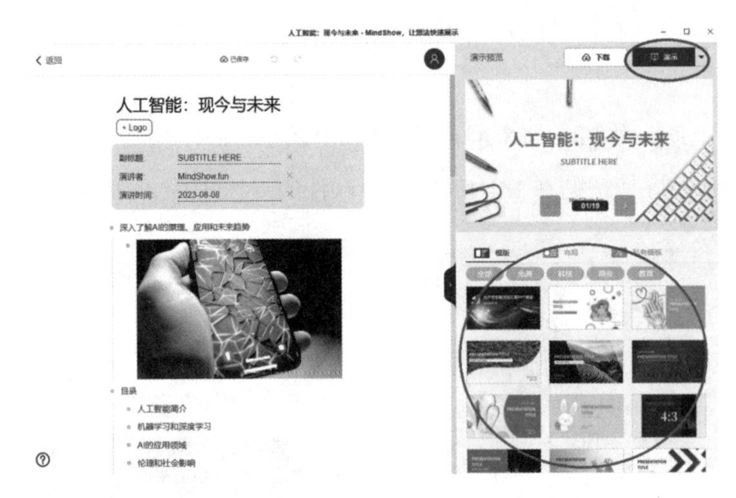

图 1–4 创建后选择“演示”，观看效果

点击右上角的“下载”按钮即可得到自己所需要的 PPT。全套流程下来只需 5 分钟。

学会了这个方法相信你之后再进行 PPT 的制作时就会事半功倍。

1.2 ChatGPT+Excel，数据分析又快又准

在日常的工作中，打工人除了使用 PPT，使用 Excel 表格的频率也是相当高的。

但是，对于不能熟练掌握 Excel 的人来说，在使用 Excel 时往往会痛苦得抓耳挠腮。因为他们在办公时，只能一步一步地手动操作 Excel，导致 Excel 强大的功能无法有效发挥，进而降低了自己的办公效率。

以 WPS 中的 Excel 为例，假如 Excel 中含有很多个工作表，并且每一个工作表中都含有一张图片，如图 1–5 所示。

图 1–5　含有多个工作表的表格

如果要把每一个工作表中的图片移动到对应工作表的第一个格子里，并且要把图片的大小调为原来的三分之一，大多数人可能会打开每一个工作表，然后把图片放到该工作表的第一格子里，再选中图片调整大小。

而对于一些熟练掌握 Excel 的人而言，他们就会打开开发工具，使用 WPS 宏编辑器编写一个程序，从而让 Excel 自动完成他们想要的操作，如图 1–6 所示。

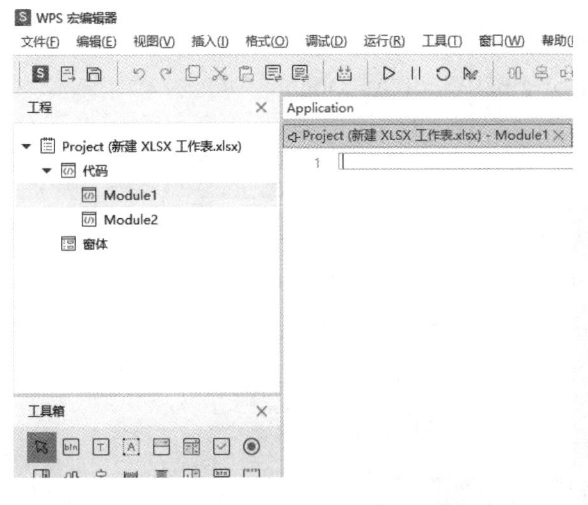

图 1–6　WPS 宏编辑器界面

在打开的输入框中，使用 VBA 编写一段满足要求的程序，再点击“运行”，就能获得人们想要的效果。

使用宏编辑器需要掌握 VBA 编程，否则这个功能就相当于摆设。

不过，现在有了 ChatGPT，这个问题就能轻松解决。首先可以把要求告诉 ChatGPT，然后让 ChatGPT 使用 VBA 编写程序，最后把这个程序复制粘贴入 WPS 宏编辑器中运行就可以了，如下所示。

我：生成一段 VBA 代码，把当前 Excel 工作簿中的每一张工作表里面的图片都放到每一个工作表里面的 A1 单元格，然后把这些图片的大小设置为原来大小的三分之一。

ChatGPT：当然！以下是一段 VBA 代码，可以遍历当前 Excel 工作簿中的每一个工作表，将每张工作表内的图片放到 A1 单元格，并把图片的大小设置为原来大小的三分之一。

```
Sub ResizeAndMoveImages()
    Dim ws As Worksheet
    Dim shp As Shape
    Dim originalWidth As Double
    Dim originalHeight As Double

    ' 遍历当前工作簿中的每个工作表
    For Each ws In ThisWorkbook.Worksheets
        ' 遍历工作表中的每个形状
        For Each shp In ws.Shapes
            ' 检查形状是否为图片
            If shp.Type = msoPicture Then
```

```
            ' 记录原始宽度和高度
            originalWidth = shp.Width
            originalHeight = shp.Height

            ' 移动图片到 A1 单元格
            shp.Top = ws.Cells(1, 1).Top
            shp.Left = ws.Cells(1, 1).Left

            ' 将图片大小设置为原来的三分之一
            shp.LockAspectRatio = msoFalse
            shp.Width = originalWidth / 3
            shp.Height = originalHeight / 3
        End If
    Next shp
Next ws

MsgBox "所有图片已成功移动并调整大小！"
End Sub
```

接下来将代码复制粘贴入 WPS 宏编辑器，点击运行按钮即可，如图 1-7、图 1-8 所示。

图 1-7　粘贴代码后，运行代码

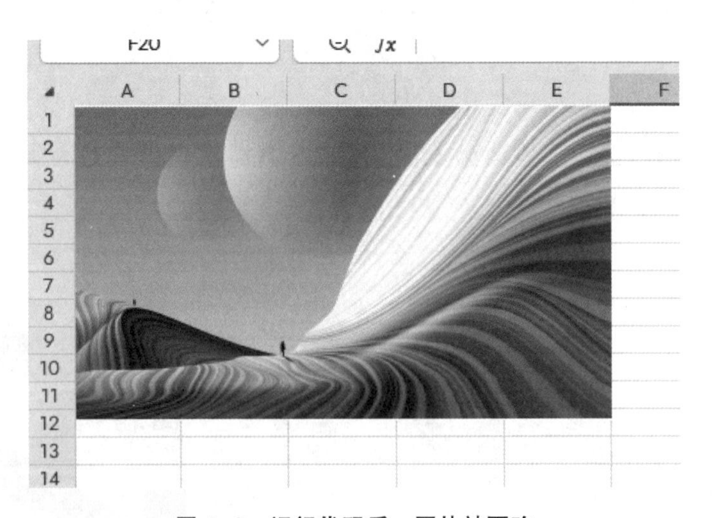

图 1-8　运行代码后，图片被更改

在运行时需要确保所使用的 WPS 支持 VBA。

ChatGPT 不仅可以帮助人们写代码，而且在人们遇到一些小问题时可以提供比较好的解决方法。

比如，现在有人想把一个包含着年龄和身高的表格变成折线图，但是不知道该如何操作，这时他完全可以通过询问 ChatGPT 得到他想要的答案，如下所示。

我：在 WPS 中怎么把一个表格里面的数据变成图表？

ChatGPT：在 WPS 表格中创建图表的过程相对直观。以下是一般步骤，以将表格里的数据转换为图表：

1. 打开 WPS 表格文件：打开包含您想要转换为图表的数据的工作表。

2. 选择数据：使用鼠标选中您想要转换为图表的数据。这通常包括列的标题和相关的数据行。

3. 点击“插入”标签页：在 WPS 表格的顶部菜单栏中找到“插入”标签页，并点击它。

4. 选择图表类型：在“插入”菜单中，您会看到不同的图表选项，如折线图、柱状图、饼图等。根据您的需要，点击您想要的图表类型。

5. 自定义图表：一旦图表插入，您可以通过点击图表来选择它，然后使用上方的“图表工具”标签页来进一步自定义它。您可以更改图表的设计、布局和格式。

6. 保存工作：如果您对图表的外观满意，请确保保存您的工作。

这些步骤应该适用于最新版本的 WPS 表格。不同版本的界面可能略有不同，但基本流程应该相同。

如果您需要进行更复杂的图表自定义，WPS 表格提供了许多高级选项来更改图表的外观和功能。通过探索“图表工具”标签页中的选项，您可以更深入地了解这些功能。

按照上方 ChatGPT 给出的操作步骤，可以在自己的表格中进行操作，看是否可以达成想要的效果，如图 1–9 所示。

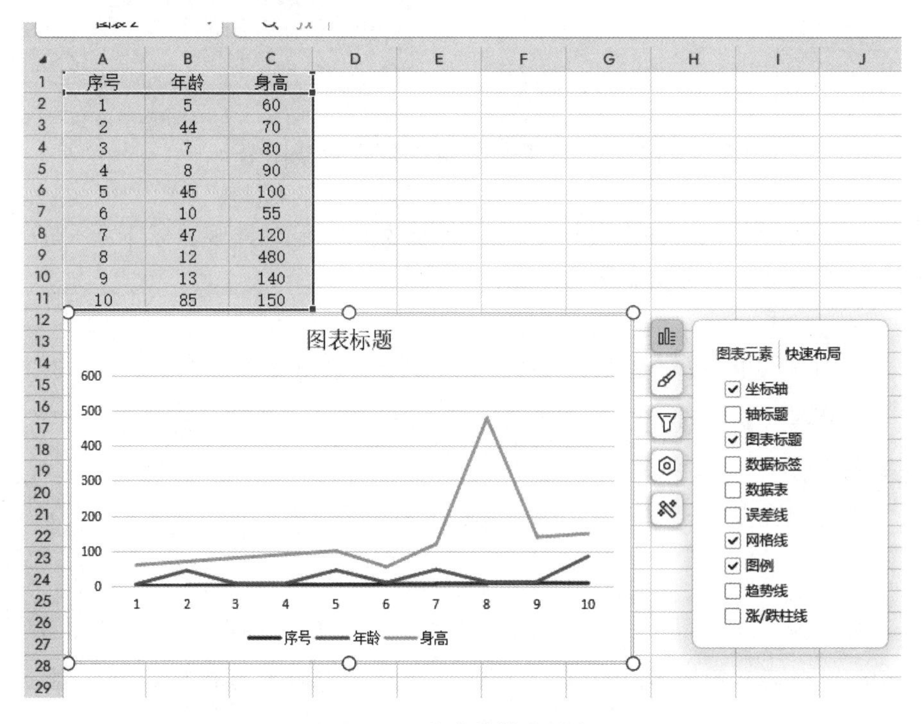

图 1–9 将表格转为图表

从图 1–9 中可以看出，按照 ChatGPT 给出的步骤完全可以达到人们想要的那种效果。

另外，人们还可以把表格里面的数据全都发送给 ChatGPT，让 ChatGPT 帮忙分析这些数据，如下所示。

我：我现在发送给你一些数据，你来帮我分析下身高和年龄之间的关系

并说明理由。

年龄	身高
5	60
44	70
7	80
8	90
45	100
10	55
47	120
12	480
13	140
85	150

ChatGPT：当然，我会尝试从提供的数据中分析身高和年龄之间的关系。

首先，从给出的数据来看，存在一些异常值，特别是12岁对应的480厘米身高，这显然是不合理的。这种异常值可能是输入错误或其他误差，可能会导致分析不准确。

然而，让我们尝试分析剩下的数据：

在年轻年龄段（5至13岁），年龄和身高之间似乎存在正相关关系。也就是说，随着年龄的增长，身高也在增长。

在成年年龄段（44至47岁），身高也呈现增长趋势。

在85岁这一点上，身高比47岁时还要高。在没有更多数据的情况下，难以分析老年时期的身高变化趋势。

请注意，这些观察并不足以证明统计显著的关系，特别是因为数据集很小，并且其中包含异常值。

以下是进一步分析的一些建议。

删除异常值：可以考虑删除或纠正异常值（如 12 岁的 480 厘米），以获得更准确的分析结果。

收集更多数据：这个数据集可能过于简化，并且不一定反映现实世界的复杂性。更广泛、更均匀的样本将有助于更准确地识别身高和年龄之间的关系。

使用统计方法：可以使用统计方法，如回归分析，来量化身高和年龄之间的关系，并测试这种关系是否统计显著。

总的来说，虽然在某些年龄段年龄与身高之间似乎存在正相关关系，但这个小型和不完整的数据集限制了我们能够得出的结论。更完整和精确的数据将是进行更深入分析的关键。

从 ChatGPT 的回答中，可以发现 ChatGPT 不是死板地分析所有数据之间的关系，而是先找出了数据中不合理的部分，而且告诉人们数据太少无法得到太准确的结果，还提供了一些数据收集的建议，可以说是相当合格的数据分析师了。

除了这些例子，当人们遇到其他不太熟练或者不知道该怎么操作的工作时，可以向 ChatGPT 询问，从而得到自己想要的答案。

1.3 这样的管理制度是老板想要的

如果你是一位公司老板，随着公司规模越来越大，员工数量越来越多，原来散漫式管理已经满足不了公司的发展。为了公司更好地发展，你不得不制定一套管理制度，保证公司健康发展。

但是，该怎样制定制度，制定哪些制度以及如何执行制度，这些都是你要考虑的，这时你会发现这是一件很麻烦的事情。当你询问其他有经验的人，或者在网上搜索，得到的结果总是不满意的。

这时你就可以向 ChatGPT“取经”，获取自己想要的管理制度，如下所示。

我：现在我想制定一份公司的管理制度，现在我的公司有四十人，关于日常的管理制度你有没有什么建议。

ChatGPT：当然，建立一套合适的管理制度对于公司的日常运营和长期发展都至关重要。以下是针对四十人规模公司的一些日常管理制度建议，您可以根据公司的实际情况进行调整和定制：

1. 组织结构与职责明确：
- 划分部门和团队，确立各部门的职责和权力。
- 设立明确的岗位职责，包括具体工作内容、绩效目标等。
- 建立汇报体系，确保信息流通畅通。

2. 人员招聘与培训：
- 设立标准化招聘流程。
- 对新员工进行入职培训，包括公司文化、规章制度等。
- 鼓励继续教育和专业发展。

3. 工作时间与考勤制度：
- 设立工作时间和考勤规则。
- 增设弹性工作时间制度以增加员工满意度。
- 设立请假、加班等规定。

4. 绩效评估与激励机制：
- 设立定期绩效评估制度。
- 将绩效与薪酬、晋升等挂钩。

- 设立员工奖励计划，如年终奖、员工股票选择权等。

5. 沟通与团队协作：

- 定期召开团队会议，促进信息共享和沟通。
- 建立团队协作机制，鼓励跨部门合作。

6. 健康与安全规章：

- 确保工作环境的健康和安全。
- 提供必要的健康保险和福利。

7. 道德与合规：

- 制定公司道德准则和合规指导方针。
- 定期进行合规审查和培训。

8. 信息技术管理：

- 规范信息系统的使用和管理。
- 增强数据保护和网络安全。

9. 客户关系管理：

- 明确客户服务标准和流程。
- 建立客户反馈机制。

10. 危机管理与应急预案：

- 建立应急响应计划，以应对潜在危机。

以上只是一些基本的建议，实际制度的设立还需根据公司的具体业务、文化、战略目标等进行精细化设计。如果有特定方面的需求，可以进一步探讨。

ChatGPT 给了一份适用于四十人公司的管理制度模板，可以发现这份模板包含的内容很全面，远比我们自己想到的更全面。而且，ChatGPT 还说明了每个模块具体该怎么制定，说是保姆式教程也不为过。

通过 ChatGPT 给出的制定公司管理制度的建议，人们可以结合自己公司的情况进行修改。若觉得 ChatGPT 说得太笼统，想了解其中某个模块的详细内容，可以继续追问 ChatGPT。

比如想具体了解工作时间和考勤制度，可以让 ChatGPT 将这一部分展开，详细地说一说，如下所示。

我：现在我想要一份工作时间和考勤制度的详细方案，你帮我制定一份方案，要求每天工作时长在 8 小时以内，另外要包括全勤、加班以及旷工的处理方案。

ChatGPT：当然，以下是一个针对 8 小时工作日的工作时间与考勤制度方案，包括全勤、加班和旷工的处理方案。请注意，该方案需要根据您所在地的劳动法规和公司的具体需求进行调整。

工作时间与考勤制度方案

工作时间

- 工作日：周一至周五。
- 工作时长：每天 8 小时，上午 9:00—12:00，下午 1:00—6:00。
- 午休时间：12:00—13:00。

考勤记录

- 所有员工需要通过考勤系统或指定的方式记录上下班时间。
- 缺勤、迟到、早退需要事先或事后解释原因并得到直接上级的批准。

全勤奖励

- 员工月度全勤者可享受全勤奖励，具体金额或福利由公司确定。

加班

- 需要加班时，员工必须事先得到上级的批准。
- 加班时间应记录并计算，加班费按照法定或公司规定的标准支付。
- 加班时间不得影响员工的健康和工作效率，需合理安排。

旷工处理

- 未经批准且无故缺勤半天以上者，视为旷工。

- 旷工一次，扣除当天工资并给予书面警告。

- 连续旷工三次或累计旷工五次，可视情况给予解雇处理。

请假

- 请假须事先申请并得到上级批准。

- 病假需提供相关证明。

考勤异常处理

- 对于迟到、早退等考勤异常情况，应当与直接上级沟通并根据公司相关规定处理。

其他

- 公司节假日、特殊工作安排等，均以公司通知为准。

结语

此方案旨在确保公司的正常运营，同时尊重和保护员工的合法权益。各部门和员工应严格遵守，如有特殊情况需要与上级沟通并得到批准。

请注意，此方案可能需要根据当地的劳动法规和公司实际情况进行进一步的定制和审查。可能还需与劳动法律专家或人力资源专家协商，以确保其合法合规。

通过ChatGPT给出的制度，可以发现这是一份非常详细且有效的制度。比如在加班的规定中，想要加班必须得到领导的批准，这样可以保证领导知道在非工作日时，都有谁在公司，如果有什么事情，就可以联系在公司的人；再比如全勤奖励，全勤奖对提高员工的工作积极性有着很大的作用。

对于员工出现旷工的情况，企业应该根据轻重程度进行处理，不能不处理或者一棒子打死。

当然，不能照搬ChatGPT给出的考勤制度，而是应该结合自己公司的情况对其给出的制度进行改动，令其成为符合自己公司的制度，这样才会得到一份非常完善的公司考勤管理制度。

除了考勤制度，还想要一份完善的危机管理与应急预案，也可以让 ChatGPT 给出一份详细的制度，如下所示。

我：我现在还需要一份危机管理与应急预案的详细规章制度，我的公司在华北平原，要求这个制度包括在遇到地震、洪涝、火灾等灾害时的应急方法。

ChatGPT：当然，针对您公司所在的华北平原地区，及可能遇到的地震、洪涝、火灾等灾害，以下是一份危机管理与应急预案的详细规章制度。该方案需要与当地政府、消防部门和其他相关机构协调，并可能需要专业的安全评估。

危机管理与应急预案

1. 组织结构与责任

- 建立应急管理小组，由公司高层领导，并包括各部门代表。
- 定期评估公司所在地的自然灾害和其他危机风险。
- 组织定期的应急演练和培训。

2. 灾害风险评估

- 针对地震、洪涝、火灾等可能的灾害，进行专业评估。
- 设立和维护必要的安全设施和设备。

3. 地震应急预案

- 遵守当地地震安全规范，确保建筑结构安全。
- 培训员工采取“趴下、掩护、握住”等保护措施。
- 准备地震应急包，包括食物、水、急救包等。
- 地震发生后立即检查设施安全，并进行必要的疏散。

4. 洪涝应急预案

- 了解公司周边洪水潜在风险，建立预警机制。

- 确保重要设备、文件等远离可能的洪水侵袭区域。

- 制定疏散路线，确保通向安全地带。

5. 火灾应急预案

- 严格遵守火灾安全规定，定期检查消防设施。

- 培训员工使用灭火器、灭火器材等。

- 明确疏散路线和集合点，并定期演练。

- 发生火灾时，迅速启动疏散计划，第一时间报警。

6. 沟通与信息传递

- 确立危机沟通流程，包括内部员工和外部利益相关方。

- 建立紧急联系人名单，包括员工家属、消防部门等。

7. 演练与培训

- 定期进行针对各类灾害的应急演练。

- 通过培训确保员工了解应急程序和职责。

8. 复原与恢复

- 制订灾后恢复计划，以便尽快恢复正常运营。

9. 方案审查与更新

- 定期审查和更新应急预案，确保其与实际情况相匹配。

结语

制定危机管理与应急预案是一项复杂的工作，涉及许多专业和法规因素。建议您与专业人士合作，以确保该方案符合法律规定，并充分考虑到您公司的具体情况和所在地的自然条件。

ChatGPT 给出的危机管理与应急预案并不只是当遇到危机时的应对方法。这份预案，从设立应急管理小组，到对日常工作中各种设施的抗灾能力评估，再到应急演练以应对未来可能遇到的危机，最后到危机之后的复原与恢复，可以说是一套非常完善的方案。

如果还想要一份完善的绩效评估与激励机制，仍可以让 ChatGPT 给出一份详细的制度，如下所示。

我：我的公司是一家广告制作公司，现在帮我设计一下公司的组织架构以及制定一份详细的绩效评估与激励机制。

ChatGPT：当然，对于一家广告制作公司，合理的组织架构、绩效评估与激励机制非常关键。以下是一个可能的组织结构、绩效评估与激励机制，您可以根据具体情况进行调整：

组织结构

1. 创意与设计部

负责创意思维、视觉设计、平面设计等工作。

2. 生产与后期部

负责视频拍摄、编辑、后期制作等。

3. 营销与客户服务部

负责客户沟通、项目推广、市场分析等。

4. 人力资源与行政部

负责招聘、培训、薪资福利、行政管理等。

5. 财务部

负责公司财务管理、预算、审计等。

绩效评估与激励机制

1. 目标设定

每个部门和员工需设定清晰、可衡量的季度和年度目标。

员工与上级共同确定个人目标，以确保公平和透明。

2. 绩效评估

每季度进行一次绩效评估，每年进行一次全面评估。

采用多元化评估方式，包括自我评估、同事互评、上级评估等。

评估内容涵盖工作成果、团队协作、客户反馈、创新能力等。

3. 绩效反馈与发展

绩效评估后，上级需与员工进行一对一反馈。

根据绩效结果，提供个人发展和培训机会。

4. 薪酬与奖励

薪酬包括固定薪资和绩效奖金。

优秀员工可享受年终奖、晋升、股权激励等。

鼓励部门间竞争，优胜部门可获得团队奖励。

5. 员工认可与士气

公开表扬优秀员工，激发士气。

定期举办团队活动，增强团队凝聚力。

结论

以上方案提供了一家广告制作公司可能的组织结构和绩效评估与激励机制。请根据您公司的具体业务、规模、文化等因素进行适当调整。绩效管理是一个复杂的过程，可能还需要与人力资源专家或管理顾问进一步讨论，以确保方案的有效性和适用性。

如果还想了解某一部分的详细内容，还可以让ChatGPT把详细内容列出来，然后再根据自己公司的具体情况进行改动，这样就可以得到令人满意的公司管理制度，同样可以极大地提高工作效率。

如果不借助ChatGPT，要制定一份完善的管理制度可不简单。若使用ChatGPT，事情就变得简单许多，而且得到的管理制度还会更完善。

另外，在制定好管理制度之后，还可以发给ChatGPT，让其帮助进行优化。

1.4　一份 ChatGPT 视角的会议纪要

在工作中，我们经常会遇到开会的情况，这时就需要了解一份优秀的会议纪要都包含哪些内容。

一份优秀的会议纪要绝不是一股脑地把会议上所有人说的话全记下来，更不能带有自己的看法和倾向。

那么一份优秀的会议纪要应该包括哪些内容呢，可以问问 ChatGPT，如下所示。

我：请告诉我一份优秀的会议纪要应该包括哪些内容。

ChatGPT：一份优秀的会议纪要应该全面、准确、清晰地反映会议的关键信息和讨论内容。以下是一份标准的会议纪要应包括的主要内容：

1. 标题和主题：清晰表明会议的名称和主要目的。
2. 会议基本信息：
   - 日期和时间
   - 地点
   - 主持人姓名
3. 参与人员：
   - 与会人员名单
   - 缺席人员名单（如适用）
4. 会议议程：列出会议上计划讨论的各个主题和议题。

5. 会议开幕和欢迎：如有特别的开幕词或欢迎辞，应予以记录。

6. 讨论概要：

- 每个议题的主要观点和论据
- 不同与会者的立场和意见
- 有争议的问题及解决方案

7. 决策和投票：

- 对每个议题的决策
- 投票的具体过程和结果（如有投票）

8. 行动计划：

- 各项行动的详细描述
- 责任人和执行时间表

9. 重要声明和公告：记录任何特别声明、公告或提醒。

10. 未解决的问题和下一步计划：记录任何未在会议上解决的问题，并提出后续讨论或行动的计划。

11. 会议闭幕：包括会议的结束时间以及闭幕词或总结（如果有闭幕词或总结）。

12. 附件和补充材料：如有相关的文件、报告或图表等，可作为附件。

13. 会议纪要批准：纪要应在下一次会议上由与会人员审查和批准，并记录批准的日期。

14. 签名：会议主持人和/或记录员的签名，证明纪要的准确性。

优秀的会议纪要应保持中立和客观，避免包括个人解释或主观评论。此外，清晰的布局和格式也有助于读者快速理解和查找信息。创建和维护准确、及时的会议纪要，可以促进有效沟通和决策执行，并为将来的工作提供宝贵的资源。

ChatGPT 对一份会议纪要应该包括哪些内容给出了非常详细且有条理的

解答，而且还告诉人们一份优秀的会议纪要应该保持中立和客观，条理清晰的会议纪要有什么好处以及会议纪要的必要性。

只要按照其给出的框架进行会议内容的记录，很容易就会得到一份完整且条理清晰的会议纪要。

以 2020 年联合国大会为例，可以让 ChatGPT 按照模板写一份会议纪要的样例，如下所示。

我：以你上面说的优秀会议纪要为模板，写一份 2020 年的联合国大会的会议纪要。

ChatGPT：当然，请注意，以下的会议纪要是一份假设的例子，只作为参考，不代表真实的 2020 年联合国大会的具体内容或记录。

联合国大会第 75 届会议纪要

日期和时间：2020 年 9 月 22 日至 29 日

地点：联合国总部，纽约

主持人：联合国大会主席

参与人员

与会人员：193 个联合国成员国代表及观察员团

特别嘉宾：联合国秘书长、多个国际组织的领导人

会议议程

1. 气候变化和可持续发展

2. 国际和平与安全

3. 人权和人道主义问题

会议开幕和欢迎

联合国大会主席发表开幕词，强调全球合作和团结的重要性。

讨论概要

气候变化和可持续发展

- 强调《巴黎协定》的执行
- 确定加强可持续发展目标（SDGs）的措施

国际和平与安全

- 讨论全球热点问题，寻求政治解决方案
- 重申对国际法和联合国宪章的支持

人权和人道主义问题

- 评估全球人权状况，讨论提升人权保护的途径
- 调用国际社会增强人道救援

重要声明和公告

秘书长呼吁全球合作，共同面对人类面临的挑战。

会议闭幕

主席总结会议成果，宣布会议圆满结束。

附件和补充材料

会议期间的所有声明、决议草案等。

签名

联合国大会主席：[签名]

记录员：[签名]

请注意，这只是一个样例，并未反映2020年联合国大会的所有细节和讨论内容。在实际工作中，会议纪要通常会更加详细和精确，涵盖所有讨论和决策的细节。

在工作中，如果你作为公司或者某个团队的代表去参加了一个重要的会议，就需要写一份详细的会议纪要，以便完整地传达会议内容和会议精神。

除了让ChatGPT写会议纪要之外，还可以把写好的会议纪要发给ChatGPT，让其对会议纪要进行评价和优化，如下所示。

我：现在我有一份会议纪要，我发给你，然后你告诉我这份会议纪要写得如何并给出优化意见。

会议主题：关于新学期新生入学的安排

时间和地点：7月8日下午3点，小会议室

参会人员：教务主任和各班班主任

会议内容：教务主任提出新生入学后先到各班签到，然后由各班班主任带到分配的宿舍，再到班级里面集合后由班主任带着熟悉校园环境，最后开班会。各班主任无异议后结束会议。

ChatGPT：这份会议纪要基本涵盖了会议的主要内容，但还有一些方面可以进一步完善，以提高纪要的准确性和易读性。以下是一些评价和建议。

优点：

1.清晰的主题：会议主题明确，突出重点。

2.完整的基本信息：包括了时间、地点和参与人员的信息。

3.简洁的内容描述：概述了主要讨论内容和决策结果。

可优化的地方：

1.议程详细化：可提供更多关于会议议程的细节，例如会议的具体议题或每个议题的讨论时间。

2.讨论概要：尽管提到了主要决策，但可进一步描述讨论的过程、不同的观点和可能的挑战或问题，以便未来参考。

3.行动计划：如果有任何分工或后续的行动计划，应明确记录，并指出责任人和时间表。

4.格式和结构：使用更清晰的段落和标题，增强可读性。

优化后的样例：

会议主题：关于新学期新生入学的安排

时间和地点：1月8日下午3点，小会议室

参会人员：教务主任和各班班主任

会议议程

1.新生入学签到流程讨论

2.宿舍分配和班级集合安排

3.校园环境熟悉和开班会准备

会议内容

签到流程：教务主任提议新生入学后先到各班签到。

宿舍分配和班级集合：新生由各班班主任带到分配的宿舍，再到班级集合。

校园环境熟悉：班主任带着新生熟悉校园环境。

开班会安排：讨论后决定在校园环境熟悉后开班会。

总结与结束：各班主任对提议无异议，会议结束。

行动计划

各班主任负责分配宿舍并组织校园熟悉活动

教务主任负责协调各部门确保新生入学流程顺利

签名

教务主任：[签名]

记录员：[签名]

以上样例提供了更多细节和结构，有助于提高会议纪要的准确性和易用性。

可以看出 ChatGPT 的回答挺准确的，不仅提出了会议纪要的优点还指出了其中的缺点，并且给出了优化后的方案。

人们只要写几份会议纪要交给 ChatGPT，让它进行评价和给出优化方案，然后通过学习 ChatGPT 给出的意见和优化方案，就可以快速提高自己写会议纪要的水平。

更简便的方法是，人们在写会议纪要时要保证内容齐全和立场中肯，在会议结束后，把会议纪要直接发给 ChatGPT，让它把会议纪要优化成一份条理清晰的优秀会议纪要。

1.5 本章小结

本章详细探讨了 ChatGPT 作为一种办公助手的多重作用。事实证明，随着 AI 和机器学习技术的日趋成熟，办公环境也正在经历前所未有的变化。ChatGPT 以其出色的自然语言处理能力和多功能性，显然成为这一变革的引导者和佼佼者。

首先，对于经常需要进行演示的职业人士来说，ChatGPT 能在仅仅 5 分钟内帮助其完成 PPT 的制作。这不仅大大节省了时间，也让员工可以将更多精力投入幻灯片内容的思考中，而不是把精力浪费在幻灯片的设计和排版上。

其次，ChatGPT 在数据分析方面也展现了惊人的能力。它能迅速处理大量数据，提供简洁明了的报告和分析结果，甚至还可以指出数据中不合常理的地方。这对于需要依赖数据做决策的管理层人员来说无疑是一个巨大的帮助，极大地提高了工作效率。

然后，对于组织内部的管理制度制定，ChatGPT 同样能发挥重要作用。它可以参考大量的案例和最佳实践，再结合使用者的需求，为组织提供量身定制的管理方案。这种智能化的方案不仅更加贴近实际需求，还有利于组织的长期发展。

最后，会议纪要是办公室工作中不可或缺的一环，但编写会议纪要往往是一项烦琐且耗时的工作。借助 ChatGPT，即便人们把会议纪要写成长篇大论，它也可以将其整理、优化成条理清晰的会议纪要，而且能确保纪要的准确性和完整性。

总而言之，ChatGPT 作为办公助手，具有广泛的应用场景和显著的效率提升效果。它不仅能高效地处理日常的办公任务，还能在更高层次上助力组织的决策和发展。然而，值得注意的是，尽管 ChatGPT 具有多项优点，但如何合理、安全、道德地使用这一工具，也需要我们持续关注和探讨。

第2章

AI写作，让你化身内容创作大师

2.1 这样的软文——爱了

如果现在你的手中有一款产品，比如面膜，在经过你的努力后，终于在某个平台上获取了一次投放广告的机会。为了把握好这次机会，你必须写出一份非常好的广告文案，那么你应该写一份怎样的文案来介绍面膜呢？

有人可能会这么写："立即体验我们全新面膜，打造完美肌肤！蕴含天然成分，对干燥、暗沉、痘印的去除有显著效果。"也有人可能会写："只需 20 分钟，你的皮肤就会变得更紧致、更有光泽。别再等了，现在购买享受 8 折优惠！"

换位思考一下，观众在看完这份广告词之后会怎么想，这样的广告文案平铺直叙，没有亮点，自然无法提起观众的兴趣。

上面的文案其实是硬广告文案，现如今，各个品牌尤其是化妆品品牌，它们的广告文案大多用的是软文形式。

什么是软文，什么又是硬广告，它们的区别又是什么？看看表 2-1 就一目了然了。

表 2-1 软文与硬广告的含义与区别

广告形式	含 义	特 点	区 别
软文	软文是一种特殊的广告或宣传文章，与传统硬广告不同，它以一种相对隐蔽的方式推广某一产品、服务、品牌或观点。软文常常模仿新闻报道、故事、评论或专栏文章的形式，以更隐晦、更接近日常阅读体验的方式吸引读者的注意力	内容隐晦：软文的推广内容往往与新闻或故事融为一体，不会直接宣传产品或服务，而是通过讲述与之相关的内容来间接推广 形式多样：可以是故事、访谈、评论等各种形式，与普通的阅读内容相似 受众广泛：因其形式接近普通文章，所以更易被广大读者接受 目的明确：虽然包装得较为隐蔽，但软文的最终目的是推广某一产品、服务或观点 感染力强：通过讲述吸引人的故事或提供有用的信息，软文能够更深入地影响读者，增强其对所推广内容的认同感	形式：软文更接近普通文章或新闻报道，硬广告则直接展示产品或服务 内容：软文通过间接的方式推广，而硬广告则直接、明确地宣传 受众反应：软文通常更容易引起读者的共鸣和兴趣，而硬广告可能引起读者的抵触情绪
硬广告	硬广告是一种直接、明确的广告形式，它以清楚的方式展示和推广产品、服务、品牌或观点。与软文不同，硬广告不试图隐蔽其推广目的或以故事、新闻的形式表现，而是直截了当地传达其宣传信息	直接性：硬广告直接展示其推广的产品或服务，没有掩饰或隐晦 明确性：推广的目的和内容非常明确，容易让观众或读者理解 视觉冲击力：通常包括引人注目的视觉元素，如鲜艳的色彩、大胆的设计等 传播媒介多样：可以通过电视、广播、报纸、杂志、户外广告牌、互联网等多种媒介传播	

通过软文宣传自家品牌的成功案例有很多，比如红牛，红牛虽然是一个饮料品牌，但企业在宣传时从不说自己的饮料多好喝以及作用是什么，而是把饮料和极限运动绑在一起。这样做的目的是让人们一看到运动，首先联想到的就是它。

再比如星巴克咖啡，其通过描绘人们在星巴克享受悠闲时光的画面，展现了其作为社交场所的舒适氛围，而非仅仅推销咖啡。

以可口可乐公司曾经的一篇软文为例。

可口可乐曾经推出了一个名为“幸福瓶”的活动，他们把有特殊功能的可口可乐瓶分发给印度尼西亚偏远村落的人们。当人们旋开瓶盖后，这些瓶子可以为人们提供 3 分钟的免费国际长途电话。

这一活动通过一则温馨的广告以及一系列软文在媒体上得以快速传播，

软文讲述了印度尼西亚的家庭如何借此与远方的亲人取得联系。这不仅展示了品牌形象，还传递了人们之间彼此联系的幸福时刻，这就是一篇很好的软文。

那么如何为自己的面膜写一篇软文呢？你完全可以把这件事交给 ChatGPT 来完成。

你甚至可以让 ChatGPT 一次写好几份软文，然后从中挑选自己比较满意的，或者让 ChatGPT 模仿其他知名品牌的宣传软文来为自己写一份，如下所示。

我：我现在正在写一款产品的广告文案，这款产品是一款面膜，属于美容养生产品，现在你帮我写两篇文案，文案要求是软文形式的，每篇不要超过 100 字，你可以尝试模仿其他知名的面膜品牌宣传软文文案。

ChatGPT：当然，以下是两篇根据软文形式的要求为您的面膜产品撰写的广告文案：

软文文案 1（借鉴兰蔻等高端护肤品牌风格）

让肌肤品味真我，我们的新款面膜为您呈现。蕴含纯净植物精华，亲肤柔和，只需 20 分钟便能深入滋养，让您的肌肤焕发自然光彩。在忙碌的生活中，为自己的肌肤留一片宁静的美好时光。

软文文案 2（借鉴雅诗兰黛等知名品牌的优雅风格）

美丽无须等待，一片面膜，瞬间提亮肌肤。我们的新款面膜含有丰富的天然植物萃取精华，温和滋润，令肌肤瞬间恢复活力与光泽。轻轻敷上，闭上双眼，沉浸在自然芬芳中，给自己一个纯粹的时刻。

这两篇软文文案的风格模仿了一些高端护肤品牌，强调产品的自然成分、对肌肤的呵护与滋养，以及使用时带来的愉悦体验。

从 ChatGPT 的回答中，可以看出，其写的软文形式的广告文案相比之前写得更文雅，而且其模仿了其他知名品牌的文案，这样的软文不得不说令人很满意。

当然，如果觉得 ChatGPT 给出的软文不符合预期，你还可以让 ChatGPT 再写几份甚至几十份。

如果你是一名视频博主，有品牌方找你，想让你制作一段视频来宣传产品，视频时长是十分钟左右，产品是一款气泡饮料，这时你就需要一份大概十分钟的文案。

如果感到没有头绪的话，你可以把要求发给 ChatGPT，让它帮你完成这个文案，如下所示。

我：你现在是一名搞笑视频博主，现在需要设计一段十分钟左右的视频来宣传一款气泡饮料，用软文的风格写一份文案，你可以借鉴一些知名的博主之前的类似视频。

ChatGPT：当然！以下是一份借鉴一些知名博主视频风格的、为推广气泡饮料的软文风格视频文案：

（镜头开启，博主戴着夸张的太阳镜，坐在一个充满泡泡的浴缸里）

博主：嗨，亲爱的朋友们！是的，你没看错，我现在正在泡泡浴缸里！来，让我给你们揭晓这个泡泡的秘密！

（镜头切换，展示气泡饮料的瓶子）

博主：看看这款全新的气泡饮料！每喝一口都能感觉泡泡在舞蹈，轻盈、活泼、清新！就像把夏天装进了瓶子！

（镜头切换，博主模仿气泡的飘动，夸张地跳舞）

博主：你们知道吗，喝一口，就感觉自己变成了一个泡泡，飘啊飘啊，这不仅仅是一款饮料，更是一种风格，一种享受！

（镜头切换，博主进行一些逗人笑的品尝饮料挑战）

博主：哈哈，现在我们来挑战一下，谁能不用手，仅用嘴喝完这款饮料！看看谁更能感受到这泡泡的魅力！

（视频展示挑战过程，并穿插博主与朋友的欢乐时刻）

博主：哎哟，真是太好玩了！喜欢泡泡的你，一定要试试这款气泡饮料，让每一天都充满欢乐和清新！

（镜头逐渐拉远，博主挥手告别）

博主：好啦，今天的视频就到这里啦。喜欢的朋友记得点赞分享，下次见！

这个文案模仿了许多流行博主轻松幽默的风格，用活泼的情感和有趣的挑战来展示产品的特点，帮助观众产生共鸣和兴趣。

让 ChatGPT 写软文时，如果想用哪位博主或者哪种视频的风格，都可以告诉 ChatGPT，它将使用这种风格写出你需要的软文。

在这些文字性的工作上，ChatGPT 有着巨大的优势，它强大的模仿能力和对文字的强大编辑能力，令其可以采用无数种风格写出各种各样的软文，无数种软文总有一篇是你想要的。

ChatGPT 还可以模仿一些著名诗人的风格来写软文，比如李白或者辛弃疾，如下所示。

我：你现在采用李白的文风来写一篇有关运动饮料的软文，再采用辛弃疾的文风写一篇有关大漠风景区的软文，要求这两篇软文字数都在一百字到两百字之间。

ChatGPT：当然，以下是根据您的要求，分别采用李白和辛弃疾的文风创作的两篇软文。

#运动饮料（模仿李白风格，字数约150字）

向往自由与豪放，挥洒汗水的时刻，人们追求着运动的激情。一款全新的运动饮料如同清泉涌动，为你的锻炼带来一股清爽的涟漪。在跑道、在体育馆、在户外，它陪你一起追风逐浪，酣畅淋漓地展现活力。拿起这款饮料，品味一口，体会到的不仅是口感的清新，还有对生活、对运动的澎湃热爱。

#大漠风景区（模仿辛弃疾风格，字数约150字）

大漠风景区，一幅历史与自然的画卷。辛弃疾笔下的豪情与风采在这里得以体现。漫步沙漠之间，远眺烽火古塔，耳畔似乎回荡着古人的笛声和歌吟。感受风的姿态、沙的轻盈，在日落时分看一场无与伦比的霞光表演。这里不仅是风景，更是一种情感、一种回忆。大漠风景区等你来探寻，用心感受每一寸土地的韵味。

希望这两篇软文符合您的要求，如有任何需要修改的地方，请随时告诉我。

ChatGPT写出的软文确实有与李白、辛弃疾类似的文风。

ChatGPT不仅可以模仿一些知名人物的文风，还可以写出和知名人物类似的作品。

比如，ChatGPT还可以用写诗的方式写软文，你可以让其模仿王维和白居易的诗来写软文，如下所示。

我：你现在分别模仿中国著名诗人王维和白居易的诗的风格写两篇软文以作为青海湖的宣传作品。

ChatGPT：当然，让我们按照王维和白居易的诗的风格，分别为青海湖创作一首诗歌。

王维风格:《青海湖畔》
湖光山色两相和，
碧波荡漾映天空。
鸟飞风吟皆入画，
人间仙境在青海。
白居易风格:《青海湖歌》
青海碧波连天涌，
渔舟牧岸画中游。
人生何需寻诗意?
湖畔风光便是诗。

这两首诗借助王维的山水画卷和白居易的人间情感，力图展现青海湖的自然美景和人文韵味。希望它们能成为推广青海湖的有力工具。

从 ChatGPT 的回答中，可以发现其写的两首诗虽然比不上著名诗人王维和白居易，但是作为宣传软文还是非常不错的。

无论是李白诗句的潇洒肆意，还是辛弃疾诗句的大气磅礴，抑或是李清照诗句的婉约凄楚，ChatGPT 都可以模仿得惟妙惟肖。

在常用的软件上，一些博主会写一些文章或者拍摄一些视频来推广某款产品。以推广某款枕头为例，如果你不知道该如何写一篇推广枕头的软文，那你可以把这款枕头的优点发给 ChatGPT，让它帮你写一篇，如下所示。

我：我想写一篇推广枕头的软文，这款枕头符合人体工程学的设计，价

钱在 100 元人民币以内，你帮我写一篇推广软文，要使用类似推广类博主那样的风格，300 字左右。

ChatGPT：当然，下面是一篇用推广类博主风格写的推广软文。

大家好，今天我要给大家推荐一款令我惊艳的枕头，这款枕头不仅符合人体工程学的设计，价格也很亲民——不到100元人民币！是的，你没听错，高质量的睡眠，居然这么便宜！

首先，这款枕头的人体工程学设计考虑得太周到了。你知道吗，很多人都因为选择了不适合自己的枕头而导致睡眠质量下降，久而久之还可能出现颈椎问题。但这款枕头，完全解决了这个问题。它能够很好地支撑头和颈部，让你一觉醒来感觉整个人都充满了活力。

在市面上，要找到一个符合人体工程学设计的好枕头，通常都不便宜。但这款枕头，价格仅仅在100元人民币以下！这样的价位，真的可以让每一个希望改善睡眠质量的人都能轻易拥有。

你可能会问，这么便宜的价格会不会牺牲质量呢？我可以很负责任地告诉你，绝对不会！我用了快一个月了，每天早上醒来都感觉超级舒服，头也不疼，颈也不酸，一点也不比那些高价枕头差！

所以，如果你也像我一样，想找一个既能让你睡得舒服，又价格实惠的枕头，那就一定不要错过这款枕头！

希望这篇软文能符合您的要求！如果需要进一步修改或调整，请随时告知！

ChatGPT 写的这篇宣传枕头的软文，无论直接配上几张图片发布到互联网上，还是当作视频文案，都是非常适合的。

在 ChatGPT 的帮助下，不论宣传景点还是宣传产品，你都可以在很短时间内写出高质量、风格各异的软文。

2.2 经典品牌文案诞生记

生活中有着数不清的品牌，这些品牌有大有小，如果你细心观察，就会发现大多大品牌都有自己的知名品牌文案，比如苹果手机的品牌文案是“与众不同”，阿里巴巴的品牌文案是“让天下没有难做的生意”，华为的品牌文案是“让未来更好”等。

一个知名的品牌不单单做到了让自己的品牌名字深入人心，还让品牌文案为人们熟知。一个深入人心的品牌文案是随着其对应的品牌的发展而不断变更的。以知名品牌可口可乐为例，可口可乐的品牌文案发展就具有很好的代表性。

可口可乐的品牌文案发展历程反映了该公司多年来的市场定位变化和消费者行为的演变。下面是可口可乐历史上使用过的且有一定知名度的文案。

（1）1886 年的品牌文案 :“Drink Coca–Cola”（喝可口可乐）;

（2）1904 年的品牌文案 :“Delicious and Refreshing”（美味清爽）;

（3）1929 年的品牌文案 :“The Pause That Refreshes”（让人振奋的暂停时刻）;

（4）1941 年的品牌文案 :“A Symbol of Friendship”（友谊的象征）;

（5）1952 年的品牌文案 :“What You Want is a Coke”（你想要的就是可口可乐）;

（6）1963 年的品牌文案 :“Things Go Better with Coke”（有可口可乐，事事顺心）;

（7）1970 年的品牌文案 :“It’s the Real Thing”（正宗的味道）;

（8）1976 年的品牌文案 :“Coke Adds Life”（可口可乐增添生活情趣）;

（9）1982 年的品牌文案 :“Coke Is It!”（就是它，可口可乐！）;

（10）2001 年的品牌文案 :“Life Tastes Good”（生活的美味）;

（11）2006 年的品牌文案 :“The Coke Side of Life”（生活的可口一面）;

（12）2009 年的品牌文案 :“Open Happiness”（打开快乐）;

（13）2016 年的品牌文案 :“Taste the Feeling”（尝尝这感觉）。

从这些标语中可以看出，可口可乐的品牌文案一直在不断地演变，因为它要适应不同时代的消费者需求和市场趋势。而随着时间推移，可口可乐肯定还会有新的品牌文案。

这些品牌文案并不是简单地强调产品的口感和清爽，更注重的是情感、生活方式和积极的人生观点。这些文案共同塑造了可口可乐这个全球知名品牌的形象。

如果你想创造一个经典的品牌文案，那必须做的事情之一，就是研究之前那些经典的品牌文案都有哪些特征，了解它们为什么能够成为经典，在了解了这些之后，再去创造自己的品牌文案就会轻松很多。

然而，世界上经典的品牌文案太多了，各行各业都有很多经典品牌文案，自己研究这些经典品牌文案太麻烦了，更别说找出这些经典品牌文案有什么共同特征了。

虽然人类不擅长做这样的事，但是人类擅长创造工具来完成复杂困难的事，而 ChatGPT 就是这样一个工具。

人们完全可以把这样的麻烦事交给 ChatGPT 去完成。比如，为一款营养品创造一个知名的品牌文案，人们可以让 ChatGPT 展示一些已有的营养品经典品牌文案，如下所示。

我：我现在想给我的一个产品设计一个经典品牌文案，我的产品是保健品，你现在列举五个经典的保健品品牌文案，比如脑白金的“今年过节不收礼，收礼就收脑白金”。

ChatGPT：当然，以下是一些关于保健品的品牌文案，您可以从中获取灵感：

1. 脑白金：今年过节不收礼，收礼就收脑白金。

2. 康力士：每一天的活力，康力士与你同行。

3. 清扬防脱洗发水：从头开始的健康，清扬助你自信一夏。

4. 汇仁肾宝：男人的信心，女人的选择，汇仁肾宝，力量的源泉。

5. 复方丹参滴丸：古方秘制，现代守护，复方丹参滴丸，保你心脏安然。

以上文案旨在展示产品的特性、目标人群以及希望传达的信息，您可以根据您的产品特色和目标市场进行调整和定制。

在上面的对话中，ChatGPT 列举了五个知名的营养保健品的品牌文案。

如果你感觉这些还不够，可以继续让 ChatGPT 提供更多的例子。这样，你就不用在网络上挨个品牌地搜了。

有了这些例子，你就可以分析这些品牌文案为什么会成为经典。知道了其中的诀窍之后，你再为自己的品牌设计品牌文案就轻松多了。

如果你觉得这样比较麻烦，还可以让 ChatGPT 帮助你分析这些经典品牌文案的特点，如下所示。

我：告诉我这些品牌文案有什么特点，为什么能成为经典的品牌文案。

ChatGPT：经典的品牌文案往往会因具有以下特点而突出：

1. 简洁明了：经典的文案往往用最少的文字传达最直接的信息，如“今年过节不收礼，收礼就收脑白金”这句话简洁地传达了产品的推广信息。

2. 寓意深刻：好的品牌文案往往具有深层次的寓意，能够引起消费者的共鸣和思考，增强品牌印象。

3. 定位准确：文案紧紧围绕目标人群，突出产品特点和消费者需求。

4. 易于记忆：具有节奏感和韵律感的文案更容易在消费者心中留下深刻印象，有助于品牌传播。

5. 情感共鸣：好的品牌文案能够触动人们的情感，使人们与品牌产生情感连接。

6. 与文化相结合：有时将文案与当地文化、习俗、节日等相结合，可以增加文案的吸引力，如将过节与收礼结合起来。

7. 独特视角：从一个新颖、独特的角度出发，可以让人眼前一亮，与众不同的表达方式会让人记住这个品牌。

8. 呼应品牌价值：每个文案都应该是品牌价值和愿景的体现，与品牌的整体定位相一致，从而构建一致的品牌形象。

9. 调动多感官体验：通过文字描述让人们能够想象到味道、颜色、感觉等，增强了文案的感染力。

10. 具有时代感：与时代潮流相结合，表现出时代感，让人们觉得品牌跟得上时代步伐。

这些特点共同作用使文案不仅具有较好的传播效果，而且能够深入人心，成为消费者与品牌之间情感沟通的桥梁。经典的文案往往会经过反复打磨和测试，以确保其效果达到最佳。

从 ChatGPT 的回答中，我们知道了一个品牌文案要想成为一个经典的品牌文案，所要具备的特点是什么。

回想那些知名的品牌，它们的文案确实基本具备这些特点，大多简洁明了、具有时代感，易引发人们的情感共鸣等。这些特点让这些品牌文案顺利成为经典。

结合自己的产品，设计出的具有这些特点的品牌文案就有机会成为经典品牌文案。

你也可以把自己产品的特征、品牌文化等告诉ChatGPT，让它根据要求写出一些品牌文案。你从它给出的文案中挑选合适的直接使用或者修改后再使用，如下所示。

我：现在我想给自己的产品写一个品牌文案，品牌名是“能量糕”，产品是一款补充微量元素的糕点，让人们通过食补补充人体所需的各种微量元素从而有一个健康的身体。现在你帮我写十个品牌文案，要求满足上面对话中你说的那些经典品牌文案的特点。

ChatGPT：当然，根据品牌名“能量糕”和产品特点，提供以下十个可能的品牌文案：

1. 天然食补，能量随行：简洁明了地传达了产品的天然属性和补充能量的功能。

2. 味道与健康，双重享受：凸显了产品不仅美味，还有助于健康的双重价值。

3. 每一口，都是健康的能量补给：描绘了产品使用场景，易于记忆并与人们的日常生活相结合。

4. 不只是糕点，更是能量的源泉：突出了产品的独特性，不仅仅是一款糕点，更是能量的提供者。

5. 能量糕，让生活焕发活力：寓意深刻，强调了产品对于整体生活质量的提升作用。

6. 从今天开始，健康每一天：易于记忆的韵律和节奏，鼓励消费者立即采取行动。

7. 每一口都藏着自然的秘密：调动多感官体验，让人们在味觉上也能感受到产品的自然和健康。

8. 赋予你飞翔的能量，健康的选择：具有时代感的文案，将产品与积极向上的生活态度相结合。

9. 让微量元素滋养你的每一天：直接与产品功能对接，强调了微量元素补充的重要性。

10. 能量糕，人生的甜蜜力量伙伴：情感共鸣的文案，将产品定位为人们生活中不可或缺的一部分。

这些文案试图捕捉产品的独特卖点和目标市场，并以有吸引力的方式传达给潜在消费者。您可以根据市场反馈和产品具体特点，调整和优化这些提案，使其更贴近您的品牌形象和市场定位。

在上面对话中，ChatGPT 列举出了 10 个符合要求的品牌文案，可以说其中的每一个都满足一个经典品牌文案所需要具备的特点。

笔者特别喜欢“每一口，都是健康的能量补给”和“让微量元素滋养你的每一天”这两个品牌文案，这两个文案非常符合笔者的心中想法。

在列举了这些品牌文案之后，ChatGPT 还告诉人们需要根据市场反馈以及产品的具体特点对品牌文案进行优化。

一份好的品牌文案，不应仅仅是一句话，还应该蕴含品牌文化或者某种正能量的价值观，这样可以让消费者对品牌文案更加认同。你在选中想要的文案之后，可以让 ChatGPT 给这个品牌文案加上想要的含义，如下所示。

我：我觉得“每一口，都是健康的能量补给”这个品牌文案非常好，但是光有文案还不够，这个文案还应该代表着健康饮食的意义，你帮我给这个文案想一个故事来表达文案所蕴含的意义。

ChatGPT：当然，品牌故事能够更深层次地与消费者建立情感连接。下面是一个与“每一口，都是健康的能量补给”文案相符的故事：

品牌故事：柳小雅的转变

柳小雅是一名普通的上班族，她有一个繁忙的工作和不规律的作息。就像很多人一样，她觉得自己常常处于一种疲惫的状态，缺乏活力。

一天，柳小雅注意到办公室里有一种新的糕点——“能量糕”。同事说吃了以后感觉身体充满了活力。虽然怀疑但也好奇，柳小雅决定尝试一下。

第一口下去，柳小雅感到惊艳。它不仅仅味道不错，更由内而外散发着温暖感觉。很快，她意识到这不仅仅是一款糕点，而代表着一种生活态度。

从那以后，柳小雅开始规律作息，注重饮食，并且每天都会吃一份“能量糕”作为补充。她感觉到明显的改变——更有活力，工作效率也大幅提升。

“每一口，都是健康的能量补给”，这不仅是一句品牌文案，更是柳小雅现在生活的写照。她觉得自己像获得了新生，开始更加重视身体健康，并乐于分享这种体验。

这个转变也影响了柳小雅周围的人。她的同事和朋友也开始尝试“能量糕”，并且发现它真的如文案所说，每一口都是对健康的投资。

这个故事不仅仅为了推销产品，更为了推广一种健康的生活方式。它让人们意识到，通过食补的方式补充必要的微量元素，不仅能够提供人们日常所需的能量，还能够改善人们整体的生活质量。

希望这个故事能帮助您更好地推广“能量糕”和它所代表的健康观念！

好的品牌文案一定会配有一个好的品牌故事，一个好的故事不仅可以将品牌文案的含义详细地表达出来，还可以让消费者记忆更加深刻。故事和文案是一个好的品牌文案必备的两个要素。

在进行推广后，市场的反馈也很重要，要及时把品牌文案的市场反馈告诉 ChatGPT，然后让它优化品牌文案。

在 ChatGPT 这个强大的文本处理人工智能的帮助下，结合了所有经典的品牌文案的情况下，你的品牌文案自然会有更大的概率成为经典品牌文案。

2.3　5 分钟搞定活动策划

活动策划，这个曾经以人为核心、强调人与人之间沟通与交互的领域，如今也开始迎来其数字化的转型。

在这个转型中，ChatGPT 这一先进的文本生成模型开始大放异彩，为策划师提供了前所未有的助力。ChatGPT 究竟如何帮助我们快速完成活动策划呢？我们可以拿学校常见的元旦晚会举例。

比如你是一名学生，班级要举办元旦晚会，你需要设计一份活动策划，没有经验的你可能会手忙脚乱。如果让 ChatGPT 帮忙，这件事情就会变得非常简单，如下所示。

我：现在我们班级要举办一场元旦晚会，需要我做一份活动策划，你能不能给我一份活动策划的模板并告诉我注意事项。

ChatGPT：当然，举办元旦晚会是一项令人兴奋的活动，我很乐意帮助你进行策划。下面是一份活动策划模板和一些注意事项：

活动策划模板

1. 活动主题和目的

主题:(例如:“欢乐元旦，共庆新年”)

目的:(例如：增进同学间的友谊，庆祝新年的到来)

2. 时间和地点

时间:(具体日期和时间)

地点:(具体地点)

3. 参与人员

主持人:(名字 / 职责)

表演者:(名字 / 职责)

观众:(目标观众群体)

4. 活动流程

(以下是一个示例流程)

18:30—19:00 签到入场

19:00—19:05 开场致辞

19:05—19:15 舞蹈表演

19:15—19:25 歌唱表演

……(其他表演和环节)

21:00—21:10 结束致辞

5. 预算和资金

场地费用

道具和装饰费用

演出服装费用

……(其他可能的费用)

6. 宣传和推广

宣传渠道:(例如，海报、社交媒体等)

宣传时间线

7. 其他细节

安全措施

特殊需求(例如：食物、饮料等)

注意事项

明确目的：确保活动的目的和目标明确，与参与者的兴趣和需求相匹配。

合理安排时间：确保所有的表演和环节都有足够的时间，不要安排得过于紧凑。

安全考虑：考虑到所有可能的安全问题，并采取必要的预防措施。

预算控制：确保所有的开支都在预算范围内，并尽量节省成本。

及时沟通：与所有参与者及时沟通，确保每个人都了解自己的职责和预期。

后勤保障：提前准备好所有必要的设备、装饰、食物等，确保活动顺利进行。

活动合规：确保所有活动均符合当地的法律法规。

这份策划模板可以根据你们的具体情况进行调整，确保它满足你们的需求和期望。祝元旦晚会圆满成功！

有了 ChatGPT 给出的模板和建议，在做活动策划的时候就会简单许多。只要按照它给出的模板，把自己班级的元旦晚会信息写进去，就可以完成一份合格的活动策划。

不过，对于一场仅仅在班级内部举行的元旦晚会而言，上面活动策划中的部分内容就不太重要了，比如宣传和推广。

所以，在这份活动策划大纲的基础上，选取自己需要的即可，其中必不可少的就是参与人员和活动流程，再有就是食物饮料，只要这些内容确定好了，其他的可有可无。

再比如，你是公司的一名职工，公司要举办年会，让你制定一份年会策划，这时你就可以先让 ChatGPT 帮忙制定一份大纲，如下所示。

我：现在我要给公司举办的年会制定一份年会活动策划，我们公司共有200人，10个部门，这次年会大概3个小时，就在公司的阶梯会议室举办，你现在帮我制定一份策划。

ChatGPT：当然，以下是一份适合200人、10个部门、3个小时时长的年会活动策划方案。你可以根据实际情况进行适当调整。

一、年会主题

设定一个有趣并能够体现公司文化的主题，例如“团结共创，梦想飞翔”。

二、年会时间

假设年会时间为下午3点至6点。

三、年会流程

1. 开场（15分钟）

3:00—3:05 开场白，由公司高层领导致辞

3:05—3:15 播放公司年度成就视频

2. 部门展示（50分钟）

3:15—4:05 各部门轮流上台展示，每个部门5分钟时间，可以通过歌曲、小品、舞蹈等形式展示部门特色和团队精神

3. 互动游戏（30分钟）

4:05—4:35 举办一些轻松的互动游戏，增加团队凝聚力

4. 嘉奖环节（20分钟）

4:35—4:55 颁发年度优秀员工、优秀团队等奖项

5. 晚宴（1小时）

4:55—5:55 自助餐，让员工自由交流，也可在此期间进行抽奖环节

6. 结束（5分钟）

5:55—6:00 由公司CEO或其他高层领导进行结束致辞，对大家的努力

表示感谢

四、注意事项

增加摄像摄影人员，记录年会全过程，留作纪念

考虑到活动可能的延时，最好预留一些缓冲时间

针对不同部门的特色，可以设置不同的展示内容和形式，体现部门风采

在活动前进行彩排，确保各个环节流程顺畅

五、预算

阶梯会议室布置费用

奖品费用（员工奖励、游戏奖品、抽奖奖品等）

餐饮费用

录像录音设备租赁费用

请注意，该方案仅为建议，你可以根据实际情况和预算进行调整。

ChatGPT 的回答，可以说是非常简洁的年会活动策划流程，虽然流程简洁，但是该有的环节，如部门展示、互动游戏、嘉奖环节和自助式晚宴，一个都不少。

如果你想增加一个节目表演的环节，但是又不想把时间拉得过长，就可以把自助式晚宴这一环节去掉。因为这更像是西方国家的常用方式，在中国这个环节还是很少见的，尤其对于 200 人的公司而言。

另外，如果你不知道在游戏环节进行什么游戏比较好，完全可以让 ChatGPT 列举一些，然后你从中挑选即可，如下所示。

我：现在我不知道在游戏互动环节进行什么游戏比较好，你帮我列举十个适合这个环节的游戏，最好包括一个抽奖的游戏。

ChatGPT：当然，以下是适合公司年会互动环节的十个游戏建议，其中也包括一个抽奖游戏。

1. 你画我猜：

参与者轮流画出事先准备好的词语，让团队成员猜出画的是什么，可以激发团队的合作和沟通。

2. 扮演名人：

每人扮演一个名人或者公司内部的某个角色，其他人提问并猜测是谁，增加团队的了解和互动。

3. 气球传递：

团队成员用嘴巴传递气球，不能用手，增进团队的协作和信任。

4. 快速问答：

提问一些与公司文化、团队协作有关的问题，增强员工对公司的了解。

5. 拼图挑战：

将公司标志或口号切成拼图，不同团队比赛拼凑，增加团队合作感。

6. 工作座位交换：

通过抽签或者游戏的方式交换座位，让员工与不同部门的人互动，促进交流。

7. 椅子抢夺战：

类似音乐椅子游戏，以轻松的方式增进团队的合作与竞争。

8. 大头贴创意：

提供材料让员工创造自己的大头贴，可以将成果展示在公司内部。

9. 飞机大赛：

团队成员一起折纸飞机，看谁的飞得最远，增加团队的协作和创造力。

10. 抽奖游戏：

可以设计一个大转盘抽奖游戏，或者用一个抽奖箱，员工按顺序抽取，奖品可以分为不同等级，增加现场的趣味性。

这些游戏既可以增加员工之间的互动，也能增强团队精神，营造轻松的氛围。可以根据公司文化和员工性格选择适合的游戏。

ChatGPT 列举了 10 个游戏，其中第 10 个是轮盘抽奖游戏，你也可以将其改为抓阄抽奖游戏，可以设置特等奖、一等奖以及参与奖等，通过抽奖调动年会气氛。

其中的拼图挑战不仅有趣味性，还可以增加团队之间的默契以及凝聚力，是一个非常不错的游戏。你不仅可以把标志和口号做成拼图，还可以把公司内某个地方的场景做成拼图。总之，ChatGPT 会给你带来很多的灵感。

除了以上两种活动策划外，你设计其他任何活动策划都可以让 ChatGPT 制作大纲、书写具体内容等。

只要利用好 ChatGPT 这个 AI，你就可以在几分钟内制定出一份合格的活动策划。

2.4 对话 ChatGPT，成为“AI”新闻大咖

ChatGPT 作为智能文本式对话机器人，其强大的文字处理编辑能力让它可以很快地写出一篇新闻稿。

如果你从事新闻工作的话，你可以让 ChatGPT 帮助你撰写稿件，提高工作效率。

比如，现在有一个紧急新闻需要撰写稿件，由于时间很紧迫，自己写的话完全来不及，这时你可以把这件事情交给 ChatGPT，让它帮你写一份稿件，然后你酌情修改即可，如下所示。

我：你现在是一名新闻工作者，7 月 22 日科研界发生了重大新闻，韩国的某研究团队发表论文声称 LK-99 材料能室温超导，现在各大研究所都在加紧研究验证，你现在根据我提供的内容写一篇三百到五百字的新闻稿件来介绍这次事件并说明事件中涉及的知识。

ChatGPT：当然，以下是一篇关于这一重大科学突破的新闻稿件：

韩国科学家宣称 LK-99 材料能室温超导，有的专家对此持怀疑态度等待验证。

7 月 22 日，韩国一支科研团队声称，他们发现了一种名为 LK-99 的新型材料。其能在室温条件下超导。这一宣称在科学界引起了广泛关注，但也引发了许多疑问。

超导现象通常仅在极低温度下出现，这一发现若得到证实，将颠覆现有的物理理论。然而，至今还没有公开的实验数据支持 LK-99 在室温下的超导性能。

全球许多知名物理学家和机构对该项研究表示怀疑。虽然室温超导的概念在理论上是可能的，但要实现却有许多技术和物理难题需要克服。许多专家警告，未经同行评审和独立验证的声称可能造成公众误解。

目前，全球各大研究所正在进行跟进研究，试图复现 LK-99 的超导现象。然而，此类验证需要时间，即使是最先进的实验室也可能需要数月才能得出结论。

LK-99 的室温超导声称虽然极具吸引力，潜在的应用前景也极为广泛，但在没有坚实证据支撑的情况下，它仍然只是一个未经证实的理论。在这个阶段，将其视为一项科技突破还为时过早。

总的来说，韩国科研团队的 LK-99 室温超导声称无疑为科学界增添了刺激的讨论话题，但其真实性还有待进一步的审查和验证。在没有确凿证据之前，持怀疑态度以及审慎的科学精神将是对待这一发现的明智之举。

这篇新闻稿件从怀疑的角度探讨了 LK–99 室温超导的声称，并强调了验证的重要性。如果有任何其他要求或问题，请随时与我联系！

可以发现ChatGPT所写的新闻稿件还是非常不错的，你还可以让ChatGPT以不同的态度进行这类新闻稿件的撰写。

ChatGPT 只用了半分钟就完成了这份稿件，你只需要再花费 5 分钟修改下这份稿件即可，这极大地提高了工作效率。

除了让 ChatGPT 撰写稿件之外，你还可以把 ChatGPT 当作各种领域的“专家”，和其对话以探讨某个事件，如下所示。

我：你现在是一名经济学家，并作为嘉宾参加一场访谈节目，我就是主持人，你和我对话。请问你对 2008 年全球金融危机以来全球经济整体的发展态势怎么看待？

ChatGPT：主持人：非常感谢您今天能够参加我们的访谈节目。2008 年全球金融危机是当代经济史上的一个重要事件。从那时到现在，全球经济都经历了哪些变化呢？您怎么看待这一系列变化？

经济学家：谢谢邀请，很荣幸能在这里分享我的观点。2008 年的金融危机对全球经济产生了深远的影响。简要概括一下，从那时到现在，全球经济经历了以下几个阶段。

1. 危机后的快速刺激和恢复：2008 年和 2009 年，各国政府和中央银行采取了前所未有的刺激措施，如量化宽松、降低利率和巨额财政刺激，以防止经济进一步下滑。

2. 债务危机：随着时间的推移，特别是在欧洲，一些国家的债务水平变得不可持续，导致欧债危机。这对欧洲的经济增长造成了重大压力，也影响了全球经济。

3. 逐渐恢复和转型：尽管刺激措施在短期内有效，但各国也意识到了结构性改革的必要性。在这期间，一些新兴经济体，如中国，开始转型，寻求可持续、创新驱动的增长模式。

4. 技术和数字化革命：互联网、人工智能、区块链等技术带来了巨大的经济机会，也改变了许多传统产业的经营模式。技术革命带来的挑战和机遇共存。

在整个过程中，我们看到了全球经济的韧性和创新力，但也意识到了经济、环境和社会之间的紧密联系，我们需要采取综合的方法来解决问题。

主持人：非常感谢您的详细解答。那么，考虑到这些变化，您认为未来的经济趋势将是如何的？

经济学家：未来的经济趋势将继续受到技术、政策和全球化等因素的影响。我们可能会看到更加注重可持续性和环境问题的经济策略，以及对技术和数字化的进一步依赖。但与此同时，我们也需要关注全球经济的均衡和公平，确保每个人都能从经济增长中受益。

你可以和 ChatGPT 以对话的形式探讨知名的事件，把其当作一名专家，而且这位专家还是多领域的专家，懂得政治、经济、文化、军事等各个领域的知识。

和 ChatGPT 对话，你可以得知其对某个事件的看法，再结合自己的观点，对这些看法取长补短，就可以形成更全面的看法。

当然，新闻具有的重要特性之一就是时效性，而 ChatGPT 只能知道 2021 年之前的事情，因此所提供的新闻内容会有一些滞后。比如，你可以询问它是否知道 2023 年的事情，如下所示。

我：你知道 2023 年 8 月 8 日在夏威夷发生的大火事件吗？

ChatGPT：对不起，我不能提供 2023 年 8 月 8 日在夏威夷发生的大火事件的信息，因为我的数据只更新到 2021 年 9 月，并且我无法浏览互联网。如果这是一个重要或紧急的情况，我建议您查阅可靠的新闻来源或与当地当局联系以获取最新和最准确的信息。

ChatGPT 的数据只更新到 2021 年 9 月，并且无法浏览互联网，所以其是不知道 2023 年 8 月 8 日在夏威夷发生的大火事件的。

不过，OpenAI 公司已为 ChatGPT 更新了可以联网的插件，只要为其安装插件，ChatGPT 就可以联网，得到实时的新闻。按照如下步骤进行操作就可以为 ChatGPT 安装联网插件。

第一步，点击 ChatGPT 界面左下角的三个小点，如图 2–1 所示。

图 2–1　点击 ChatGPT 左下角三个小点

第二步，点击“Settings & Beta”，如图 2–2 所示。

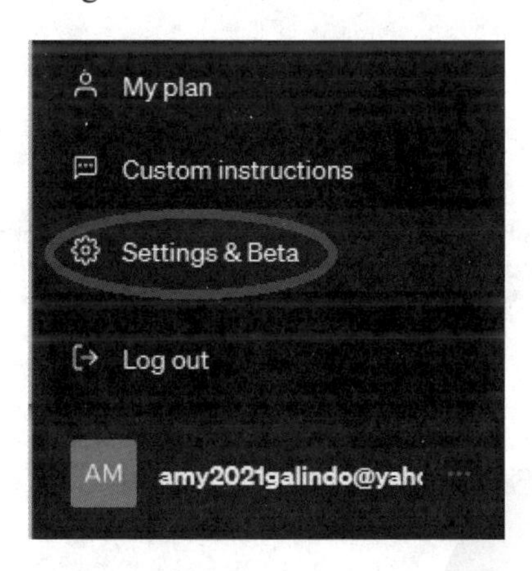

图 2–2　点击“Settings & Beta”

第三步，点击“Beta features”，然后将右侧的“Plugins”开启，如图 2–3 所示。

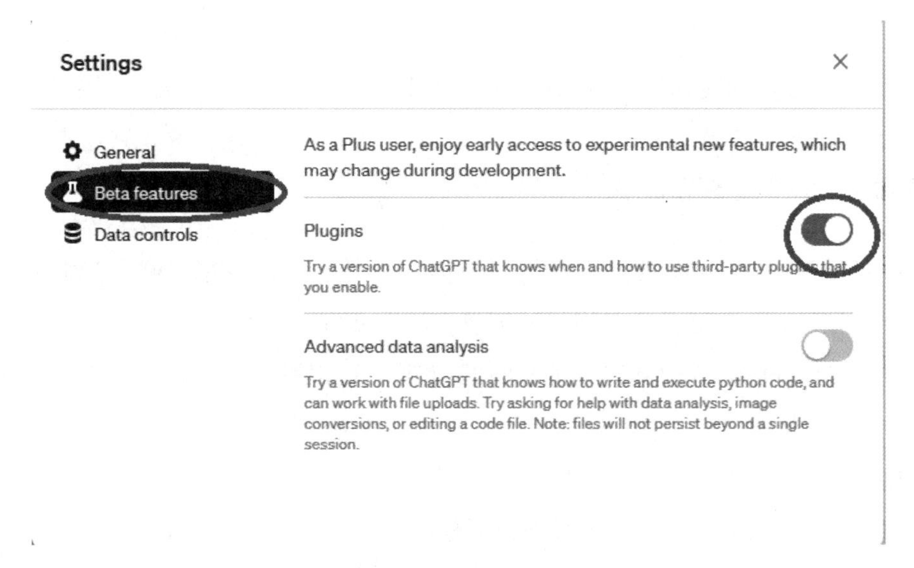

图 2-3 打开 Plugins

第四步，返回，开启新的聊天窗口，点击“No plugins enabled”，然后点击“Plugin store”，如图 2-4 所示。

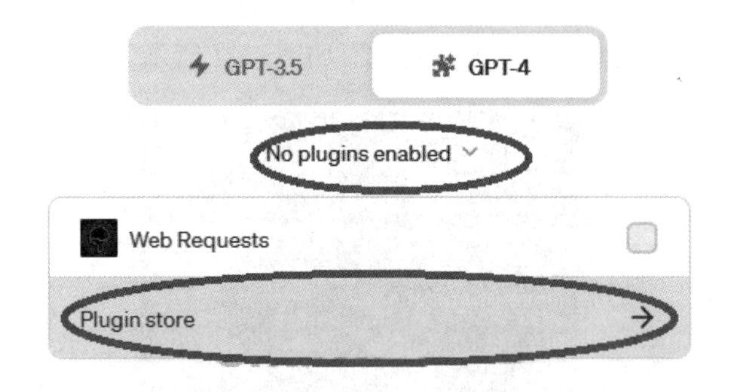

图 2-4 点击进入 Plugin store

第五步，在打开界面的搜索框中输入“Web”，然后回车搜索，如图 2-5 所示。

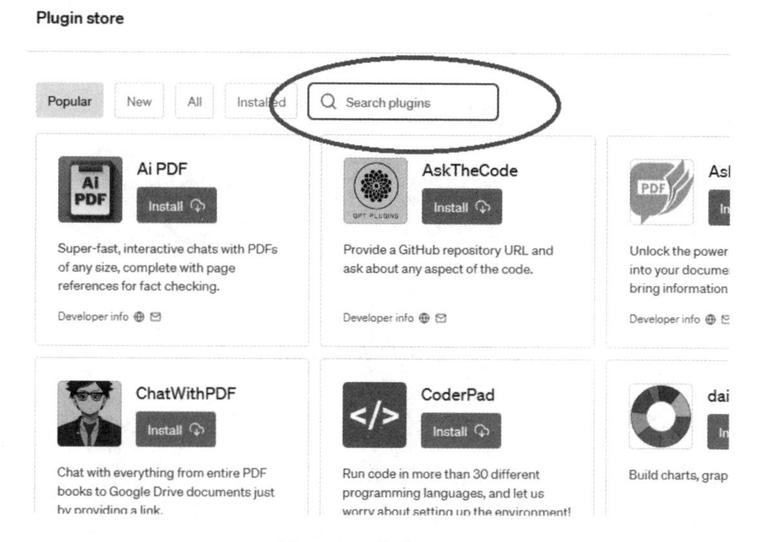

图 2-5 搜索 Web

第六步，在搜索结果界面中找到“Web Requests”，然后点击“Install”，如图 2-6 所示。

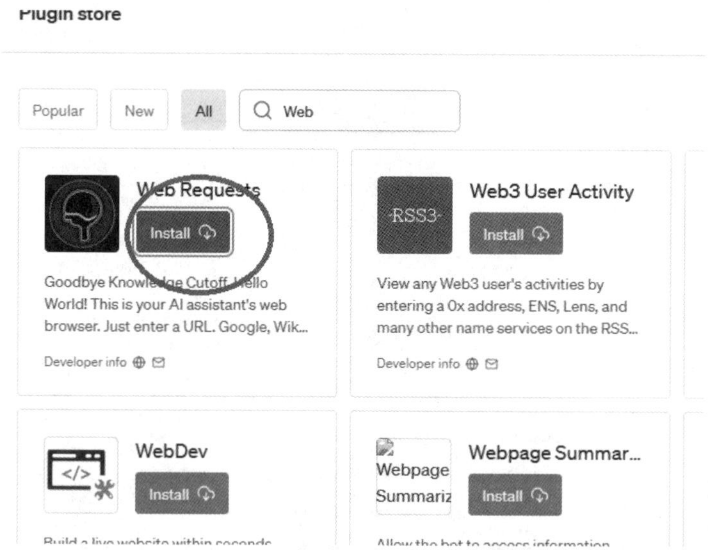

图 2-6 点击“Install”安装

第七步，返回聊天界面，将“Web Requests”打开即可让ChatGPT联网，如图 2–7 所示。

图 2–7　选中“Web Requests”

在安装好联网插件之后，你再问 ChatGPT 是否知道 2023 年 8 月 8 日在夏威夷发生的大火事件，如图 2–8 所示。

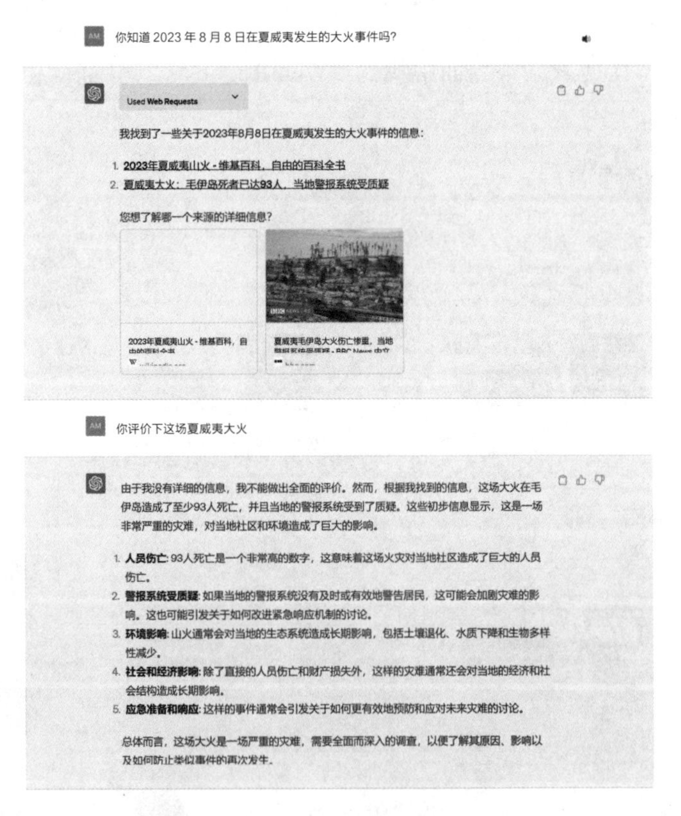

图 2–8　ChatGPT 联网后的效果

可以发现，为 ChatGPT 安装了联网插件之后，ChatGPT 在自己的资料库中找不到对应的消息，就会使用联网插件从网络上查找相关的新闻，然后将其整合后挑选关键信息显示出来。

既然 ChatGPT 知道了这个新闻，那么它就能对此进行评价，这样你就可以和其探讨最近的新闻事件，能够联网的 ChatGPT 才是真正的“AI”新闻大咖。

2.5 ChatGPT 开始给演讲者写演讲稿了

在平常的生活之中，每当遇到上台演讲的机会时，每个人都希望自己的演讲可以有非常好的效果，因为一场好的演讲必然会让他人对我们印象深刻。

但是，如何才能让自己的演讲非常精彩，非常成功呢？

要让自己的演讲获得成功，强大的心理素质是必要的条件之一，而一份优秀的演讲稿件可以增强我们的信心，有了足够的信心自然就有了足够强大的心理素质，自然就会演讲成功。

然而，要创作出一份好的演讲稿件并不容易，这不仅需要创作者有很强的创作功底，更需要消耗其大量的时间。不过现在有 ChatGPT，通过它，你可以在短短几分钟内创作出一份优秀的演讲稿。

比如，你是一名即将高考的高三学生，想写一篇演讲稿件，主题是“坚持”，这时可以让 ChatGPT 帮忙，如下所示。

我：你好，明天我有一场演讲，你可不可以帮我写一篇合适的演讲稿，我现在是一名即将高考的高三学生，演讲的主题是“坚持”，我想用“行百里者半九十”作为题目。你帮我写一篇 800 字的演讲稿。

ChatGPT：“行百里者半九十”——坚持的力量

各位同学，老师，大家好，

当我站在这里，看着每一个熟悉的面孔，每一个满含期待的眼睛，我知道，我们即将迎来人生的一个重要时刻——高考。首先，我要感谢各位同学和老师给我这样一个机会，在这样一个时刻，来谈谈“坚持”。

“行百里者半九十”。这句话，相信大家并不陌生。它形容一个人即使已经完成了大部分的任务或者走过了大部分的路程，但最后的一小部分往往是最为艰难和关键的。对我们来说，那最后的一段路，就是高考。

高三的日子，可以说是我们人生中最为辛苦，也最为宝贵的日子。每天清晨早早起床，晚上灯下成白头，为的就是那一个目标，那一纸通知书。这一年，我们笑过、哭过、困倦过、挫败过，但更多的是坚持。

坚持并不意味着我们需要做超出常人的事情，它只是告诉我们，在困难面前不退缩，在挫折面前不放弃。正如那“行百里者半九十”，也许我们已经走过了大部分的路，但未来的日子，可能会更加艰难，更加漫长。但请记住，每一步都离目标更近，每一天都离成功更近。

坚持，有时候是为了我们的梦想，有时候是为了家人的期望，有时候是为了自己的骄傲。但不论是为了什么，坚持总是带给我们力量。

我记得，有一天，我看到一位同学在晚自习结束后，还坐在教室里默默地看书，我问他：“这么晚了，还不回去吗？”他抬起头，眼中带着坚定说：“我明白了一道题，我觉得很开心。”这种坚持，这种对知识的渴望，是我们这一年最美好的回忆。

同学们，高考即将来临，让我们带着这份坚持，走完最后的路程。请相信，无论结果如何，我们都是最棒的，因为我们有这份坚持，有这份毅力。

最后，我想用一个小故事来结束我的演讲。

有一个人问一位登山者："你为什么要去登山？"登山者说："因为那是我的梦想。"这个人又问："但你知道吗？登山很难，风险很大。"登山者回答："我知道，但那只是路上的一部分，而梦想，永远在前方。"

同学们，让我们为了梦想，一起坚持到底！

谢谢大家。

上面的演讲稿中字字有力，句句充满了坚持的力量，这样一份优秀的稿件必然会给演讲者带来充足的信心。

ChatGPT 不仅仅可以帮学生写演讲稿，也可以为不同行业的演讲者写出合适的稿件。

当你想写一份比较复杂的演讲稿件时，可以先让 ChatGPT 根据演讲主题和要求拟定演讲稿的基本框架，接着再根据框架增添内容，最后对稿件进行修订完善。

比如，你想做一个关于气候变化的演讲，这时就可以向 ChatGPT 询问"我想做一个关于气候变化的演讲，你能帮助我规划一下主要内容吗？"这样 ChatGPT 就会给出基本框架，如下所示。

我：我想做一个关于气候变化的演讲，你能帮助我规划一下主要内容吗？

ChatGPT：当然可以。以下是一个关于气候变化演讲的初步内容规划：

气候变化：我们的星球正发出求救信号

1. 引言

- 世界各地最近的极端气候事件，如热浪、洪水和飓风。

- 强调气候变化的紧迫性。

2. 背景介绍
   - 气候与天气的区别。
   - 人类历史上的气候波动与现代气候变化。
3. 当前的问题
   - 极端天气事件增多：热浪、干旱、洪水等。
   - 冰川融化速度加快：海平面上升，沿海地区受威胁。
   - 生态系统的影响：珊瑚白化、物种迁徙和灭绝。
4. 人为因素和影响
   - 温室气体排放的增长，特别是二氧化碳。
   - 工业化、城市化和森林砍伐。
   - 人类活动对气候变化的直接和间接影响。
5. 可能的解决方法
   - 减少碳足迹：支持可再生能源、节约能源和减少浪费。
   - 政策与合作：国家和国际层面的合作，如《巴黎协定》。
   - 提高公众意识：教育、宣传和鼓励社区参与。
6. 为什么这关系到每一个人
   - 气候变化对日常生活的直接影响：食物、水、健康和居住。
   - 为下一代创造一个更好的未来。
7. 结论
   - 强调气候变化不是未来的问题，而是现在的问题。
   - 鼓励大家行动起来，为地球和未来一代做出贡献。

这只是一个大致的框架，你可以根据自己的研究和观点进行进一步的完善和调整。

之所以先让 ChatGPT 提供演讲稿的基本框架，是为了确定演讲的主题和主要要点，为后续的内容创作提供方向，这样可以防止 ChatGPT 写出的演讲稿件跑题。

有了基本框架之后，就可以让 ChatGPT 向框架的每一部分中填充内容了。

比如，可以让 ChatGPT 把“当前的问题”这一部分进行详细的说明，如下所示。

我：关于“当前的问题”这一部分，你帮我把“极端天气增多”这部分详细地写出来，可以举例子进行佐证，注意例子务必要保证真实。

ChatGPT：当然可以。以下是关于“极端天气增多”这部分的详细描述：

极端天气事件增多

近年来，全球范围内的极端天气事件频繁上演，对人类社会和自然环境造成了巨大的威胁和损害。

1. 热浪

- 2019 年，欧洲经历了历史上最为严重的热浪之一。法国、比利时、荷兰、德国等国家都刷新了历史最高气温纪录。特别是在法国，温度高达 46℃。

- 这些高温不仅对人类健康构成威胁，还导致了农作物歉收，加剧了干旱情况。

2. 洪水与暴雨

- 2020 年，中国的长江中下游地区遭受了严重的洪涝灾害，经济损失巨大。

- 不仅是中国，印度、孟加拉国等南亚国家也经常受到季风引发的洪水侵袭，导致人员伤亡和生计受损。

3. 飓风和台风

- 2017 年，飓风“哈维”席卷美国得克萨斯州，造成超过 100 亿美元的经济损失，是美国历史上造成损失最大的飓风之一。

- 同年，台风“天鸽”袭击中国广东、香港和澳门，造成大面积的停电和交通中断。

这些极端天气事件不仅仅是自然现象，而且与全球气候变化息息相关。人为排放的温室气体导致大气温度上升，全球气候系统的稳定性受到破坏，从而引发了更为频繁和强烈的极端天气事件。

以上的描述和例子都基于过去的真实事件。希望这可以为你的演讲提供有力的佐证。

ChatGPT 列举了三个例子，你可以根据自身的情况进行选择，可三个都选，也可以只选一个，如果对其列举的例子不满意，你还可以让其进行更换。

需要注意的是，你在选用 ChatGPT 列举的例子时一定要细心，因为 ChatGPT 可能会列举一些假的例子企图蒙混过关。

在这个数字化的时代，ChatGPT 不仅为我们提供了信息，更重要的是，它为我们创作内容提供了强有力的支持。

但我们必须记住，技术只是一个工具，真正打动人心的，始终是那些蕴含真情实感的内容。ChatGPT 可以为我们提供框架、数据和语言表达，但其中的情感、热情和创造力，仍旧需要来自我们自己。

无论如何，我们的原创性、独特性和人性化的情感始终是不可替代的。让我们珍惜并利用好这样的工具，创造出更有深度、更有影响力的作品，让我们的声音传遍每一个角落。

最后，请每位即将上台发表演讲的人记住：用心说话，世界才会倾听。

2.6 ChatGPT 写小说了解一下

作为语言文本生成 AI，ChatGPT 对于人们写小说的帮助是很大的，它甚至可以直接生成小说。

一篇优秀的小说包含着很多要素，比如主题、情节、角色、风格、语言、结局等，一篇优秀的小说必然是有着自己的闪光点的。

如今，随着信息技术的发展，手机已经是人们生活中不可或缺的一个物件，而网络小说越来越受到人们的喜爱，许多作者靠着写网文发家致富。如果你也想写小说，完全可以借助 ChatGPT 的力量。

在让 ChatGPT 正式写小说之前，你可以先尝试让 ChatGPT 模仿着写一篇小说，如下所示。

我：你现在是一名作家，现在模仿刘慈欣的《乡村教师》来创作一篇现实科幻小说，字数在 600 字以上，开始吧，注意字数一定要写够，不要没写够就结束。

ChatGPT：当然，以下是一篇受到刘慈欣《乡村教师》启发的现实科幻小说，字数约为 600 字。

穆岭镇的远山如同一位沉睡的巨人，它眠于云海之间，古老、沉默，却充满智慧。

这里的人们朴实无华，田野间只有农民与泥土对话。镇上的中学就藏匿在巨人的怀抱里，教学楼陈旧，课桌椅斑驳。

李先生，年轻的物理老师，每天沿着羊肠小道穿过杂草丛生的田野来到学校。他手里的教材已经翻烂，但他的目光总是坚定。

某一天，李先生发现了一个古怪的信号。

在电台上，他听到了一个微弱的、规律的声音，仿佛是某种密码。他越发沉迷其中，每晚熬夜破解它。

月余之后，他终于解锁了其中的秘密。那是一个距离地球数十光年的文明的讯号，它们正在寻找知识的交流。

李先生为之震撼，但更多地受责任感的驱使。他决定与这个文明沟通，传播人类的科学知识。

日复一日，他将简单的物理实验展示给学生，然后再将其录制，通过特殊的频率发送到宇宙深处。

他教授外星文明关于引力、光速、量子的知识。他将人类的科学，以最纯朴的方式，展现给它们。

时间飞逝，穆岭镇的人们开始注意到李先生日渐消瘦的身体，但没有人知道他深夜的秘密工作。

直到有一天，一个外星文明的回应传来。

它们慢慢地感谢李先生，用最复杂的数学公式描述了它们对知识的渴求已得到满足。它们说，它们的星球悬浮在黑洞的边缘，现在，因为它们理解了引力，得以挽救自己的命运。

李先生望着夜空，那颗距离遥远的星球仿佛在向他眨眼。他明白，即使在一个偏远的乡村，他也能触及宇宙的边缘。

穆岭镇的巨人依旧沉睡，但在它的心脏深处，有一颗心正以知识的名义，悄然跳动。

如果把这篇文章在网络上发表，但是不告诉人们这是谁写的，相信大部分人都不会想到这是 ChatGPT 所写。

读完这篇文章之后再去读刘慈欣的《乡村教师》，你会发现两者之间有着不少相似点，可见 ChatGPT 模仿的能力不错。

在网络上，有很多网络小说深受广大读者喜爱，但是却因为各种原因导致作品断更。如果能够以原作者的风格写完文章，那一定是一件非常有意思的事情。除了可以让 ChatGPT 模仿着写小说之外，你还可以让其续写文章，如下所示。

我：我有一篇文章，我发给你之后你再接着往后续写 400 字左右，文章如下：

"真是服了！"

把鼠标往桌上一扔，王守业靠在座椅上，想到刚才在网上查到的各种信息，感觉有点生无可恋。

王守业原本不是这个世界的人，不，应该说是他现在也搞不清自己原本是不是这个世界的人，听起来绕口，但事实确实是这样。

王守业记忆中自己来自一个叫地球的世界，那个世界正处于二十一世纪前期，刚刚大学毕业没两年的王守业和父母合资买了一个三室一厅，正准备躺平，结果一觉醒来发现自己所在的地方变样了。

"我辛辛苦苦买的三室一厅，结果现在咋就变成两室一厅了呢！"从椅子上离开来到床上躺着的王守业无语凝噎。

ChatGPT：当然，我可以为你续写这一段原创文章。下面是续写的内容：

"辛辛苦苦买得三室一厅，结果现在咋就变成两室一厅了呢！"从椅子上离开来到床上躺着的王守业无语凝噎。

不仅如此，整个世界都发生了改变。他在网上查找了半天，连最基本的地球历史都和他记忆中的不一样。科技、文化，甚至语言的一些细微之处，都与他熟悉的世界格格不入。

突然，他想到了一个可怕的可能性——他究竟是在梦境中，还是真的穿越到了另一个平行世界？想到这里，他的心跳加速，汗水渗出。

他疯狂地搜寻着网络上的信息，试图找到一些线索，证明这一切不过是个梦境。但是，无论他怎么努力，这个世界似乎都在冷酷地告诉他：这不是梦。

“难道真的穿越了？”王守业喃喃自语，一种深深的恐慌开始在他心底蔓延。他开始怀疑自己的理智，甚至开始怀疑自己的存在。

突然，他想到了一个主意。如果他真的穿越了，那么他的家人呢？他的朋友呢？他迅速打开通讯录，拨通了父母的电话。

电话铃声响起，他的心脏几乎要跳出喉咙。接下来的一刻，将决定他的未来，以及他对现实的所有理解。

电话被接通了，一个熟悉又陌生的声音传来：“喂，守业，怎么了？你不是说今天要加班吗？”是他父亲的声音，但语调里的某种东西让王守业感到不安。

这一刻，他终于意识到，一切都已经改变了，而他必须适应这个全新的世界，无论他愿意与否。

在上面的对话中，笔者发给ChatGPT的内容是笔者自己写的，而ChatGPT的续写可以说是非常不错了，两部分放到一起让人很难看出后面的内容是ChatGPT续写的。

由此可见，ChatGPT还是很擅长网络小说创作的。当然，ChatGPT不仅可以模仿和续写，还可以从头创作小说，只要你给它一些背景大纲即可，如下所示。

我：你现在是顶级的悬疑大师，现在用叙述性诡计的手法写一个悬疑故事，背景是小明从小生活在别人编制的梦中，直到一次偶然机会他发现了一些端倪。随着不断地抽丝剥茧，他终于发现了真相，梦境消失，身为植物人的小明在现实中醒来。先写500字，注意字数不够不要结束。

ChatGPT：当然，以下是以悬疑和叙述性诡计手法编写的故事开头：

小明总觉得自己的生活有些不对劲。他的世界里的一切都太过完美，太过顺利，就像有人精心设计过的一样。然而，每当他试图深入探究这种感觉时，总有一种力量将他拉回现实。

一天，小明在家里翻找一些旧书，无意间发现了一本日记。那是他小时候的日记，上面记载着他的梦境。他翻开一页，看到了一个关于他在山上追逐蝴蝶的梦。但是，等等，他从未上过山，怎么会有这样的梦？

小明心头一震，猛然想起自己生活中的许多奇怪之处：有些人似乎总能说出他想说的话，有些地方总让他感到似曾相识，有些梦总是以同样的方式反复出现。

他开始深入挖掘，不断抽丝剥茧，寻找答案。他注意到家里的照片墙上有一张照片，上面的背景和他梦境中的场景惊人的相似。他开始访问那些曾经去过的地方，和那些似乎知道一切的人交谈。

不知不觉中，他陷入了一场精心编织的梦境之中。每一个线索似乎都将他引向更深的迷雾，每一次真相的揭露似乎都揭开了新的疑团。但是，正当他觉得自己快要找到答案时，一切都戛然而止。

他惊醒过来，发现自己躺在医院的病床上，身边的医生和护士正在忙碌。原来，这一切都是梦，他其实一直是一个植物人。

现实的冷酷和梦境的完美之间的反差让小明感到震撼。他终于明白，有些真相或许永远无法触及，有些梦境或许比现实更真实。

这段故事讲述了小明从梦境中觉醒，是整个故事的开端，如果你想要更深入的内容或继续探索这个故事，我会很乐意帮助你。

ChatGPT 所写的这篇小故事可读性非常不错，而且在最后说了，这只是一个开端。如果你想将这个故事扩展开来，就可以对其继续提要求，这样 ChatGPT 就可以继续写这个故事。

其实不只是短篇小说，像百万字的长篇小说 ChatGPT 也可以写出来。

网络小说有很多分类，比如玄幻、科幻、都市、仙侠等，每一类小说都已经有了成熟的体系，很多小说都有着类似的套路。就拿玄幻小说类别里面的“废柴流”举例子，书中的主角一般会受尽冷嘲热讽，然后奇遇不断，最终崛起成为强者，让所有人刮目相看，像这样的小说 ChatGPT 完全可以写出来。

如果为 ChatGPT 提供小说的背景和大纲，ChatGPT 完全可以写出一本不错的网络小说，或者可以让 ChatGPT 先学习一些知名网络小说，然后让其总结这些小说的套路，再根据提供的大纲来写，如下所示。

我：你现在分析下《斗破苍穹》《武动乾坤》《大主宰》这三部小说的共同写作特点。

ChatGPT：《斗破苍穹》《武动乾坤》和《大主宰》这三部作品均出自作者“天蚕土豆”之手，因此具有一些共同的写作特点。

1. 丰富的战斗场景：这三部小说都以精彩的战斗场面和战斗技能设定著称。作者对战斗的描写细致入微，充满激情，具有强烈的视觉冲击力。

2. 庞大的世界观：三部小说都构建了一个庞大且复杂的世界观，包括不同的势力、种族和地域。世界观的丰富性增加了作品的深度和吸引力。

3. 明确的主人公成长线：从平凡到卓越，从弱小到强大，主人公的成长之路清晰可见。读者可以沿着主人公的视角不断探索和成长。

4. 复杂的人际关系：无论是敌人、朋友还是恋人，人物之间的情感纠葛和人际关系都被描写得相当复杂且富有戏剧性。

5. 独特的修炼体系：每部小说都有自己独特的修炼体系和等级划分，使得人物的成长和实力提升更加合理和引人入胜。

6. 情感与冒险结合：三部小说在描写惊险刺激的战斗和冒险的同时，也注重人物之间的情感交流和情感深度的挖掘。

7. 题材与风格的一致性：这些作品均属于玄幻题材，具有鲜明的东方神话色彩。人物成长、修炼、战斗、冒险等元素贯穿其中，展现了一致的文学风格和审美追求。

8. 悬念与节奏掌控：作者擅长通过设置悬念和控制节奏来吸引读者的注意力，使读者始终保持对故事的兴趣。

总的来说，这三部小说共享了许多相似的写作特点和主题元素，从而形成了“天蚕土豆”独特的写作风格。它们都具有丰富的想象力、深刻的情感描写和扣人心弦的战斗场景，提供了一种充满魅力和活力的玄幻世界观。

ChatGPT 对几本小说的特点进行了总结，发现了这几本小说有不少相似的写作手法，而 ChatGPT 将这些手法总结了出来，这就相当于其学会了这些写作手法。

ChatGPT 的总结过程也就是它的学习过程，你把想要写的小说类型中的知名作品提供给 ChatGPT，让 ChatGPT 进行总结。其总结完成后，你就可以尝试让 ChatGPT 来帮忙写小说了，如下所示。

我：现在我为你提供一本网络玄幻小说的大纲，你要根据这个大纲写一部故事完整的具有上述写作特点的玄幻小说，一共要写一百万字。不用一次

性都给我，可以每一章节一千字，写一千章，能不能做到?

ChatGPT：当然，我可以帮助你开始这部小说的创作。不过，请注意，因为一千章的内容相当庞大，而且每一章只有一千字可能会限制情节的发展和人物的塑造。一千字通常只能描述一个小场景。

我们可以合理安排章节长度和内容，或者你可以提供大纲，我根据大纲和你想要的风格开始创作。

由于这是一个长期和庞大的项目，我们可以分阶段进行。你可以首先提供大纲或者一些基本的想法，然后我为你创作开始的章节。你可以根据这些章节给出反馈和方向，以确保故事符合你的期望和需求。

随时告诉我你想要的方向，我们可以从这里开始!

就像上面的对话，如果你想让 ChatGPT 写哪一种类型的小说，可以先让其对这种类型小说中的知名作品进行总结，这样相当于用这些小说训练了它。

接着你再提供自己准备的大纲，不要试图让 ChatGPT 一次性写出上百万字。你可以根据其建议，每一章一两千字，让其写出一个开头，然后再调整 ChatGPT 的写作方向。

在其写出一章后进行点评，告诉 ChatGPT 这一章节该怎么调整，下一章节该怎么写，这样几天就可以写出一部百万字的网络小说。

不只是长篇小说，对于一些短篇小说，ChatGPT 也可以写得很好，比如你可以让其模仿《聊斋志异》的风格来创作小说，如下所示。

我：你帮我写一篇短篇的志怪小说，字数 600 ～ 800 字，使用第一人称，主人公名叫陈小夏，故事情节要完整，可以采用《聊斋志异》的写作风格，开始吧。

ChatGPT：当然，以下是一篇借鉴《聊斋志异》风格的志怪小说，主人公名叫陈小夏：

我是陈小夏，身为浙江一小城的书生。一日，为寻古籍，至一不显眼的旧书摊。书摊老人拿出一本泛黄的古籍说："这本书非比寻常，须得珍重。"我付了十文铜钱，便得此书。

夜深人静，翻阅此书时，忽然风吹灯灭。待我点燃灯火，却见书页自翻至一幅画像，画中有一女子颜如花月，名为"燕子"。我心头一震，仿佛与画中人有千丝万缕之缘。

隔日，我至书摊求见老人，却被告诉老人已去世，且留下一句话："谁能解开此密，便可得我余生所藏之宝。"

便有一夜，我梦见燕子，她告诉我，要解开密令，需至古庙拜月老，并点亮庙中断灯。

我遂独自前往古庙，只见庙内一片漆黑，断灯已久，无法点燃。我拿出怀中随身携带的玉佩，意想不到玉佩光芒四射，灯即点燃。

这时，月老像忽然开口："陈小夏，解密非难，难在你敢不敢担当。"我心中默答，愿担此任。

月老遂授我一锦囊，囊内藏有一枚戒指。我佩戴戒指，即觉心头一震，忽觉时空变换，来到一个陌生之地。在这里，我再次见到了燕子，她告诉我她是由画中走出来的，因为我点亮了断灯，她得以重获新生。

燕子说："我愿随你回到现世，但须得你答应，今生今世，不离不弃。"我深情地看着她，毫不犹豫地答应了。

自此以后，我和燕子归于平凡，而那枚戒指和锦囊则成了我们爱情的见证。至于书摊老人藏之宝，则在我心中已不再重要。

而我深知，我得到的不仅仅是一段情缘，更是一次对自己勇气的验证。

希望你喜欢这篇短篇志怪小说。如果有其他问题或需要更多内容，欢迎继续提问。

很多人认为文学创作是非常需要创意的，而 AI 不可能创作出优秀的文学作品。

虽然 AI 无法创作出非常优秀的文学作品，但是像一些情节简单，有一定套路的小说，ChatGPT 写起来还是非常简单的。

2.7 本章小结

本章探讨了 ChatGPT 在多个写作领域的应用。从广告软文、新闻稿到品牌文案、活动策划，再到演讲者的演讲稿和小说创作，ChatGPT 的应用范围之广、效果之好令人印象深刻。这些不仅突显了 ChatGPT 功能的多样性和灵活性，也展示了人工智能在现代信息传播和创意工作中的可使用性。

首先，当涉及广告和软文创作时，ChatGPT 的精准性和高效性，可以帮助人们更快地向目标受众传达信息及其价值观，极大地降低了人力以及时间成本。在新闻稿生成方面，ChatGPT 能快速整合大量信息，生成连贯、准确的报道，甚至它还可以对新闻发表自己的看法，我们完全可以和其探讨新闻事件，这极大地提高了新闻机构的工作效率。

其次，在品牌文案和活动策划方面，ChatGPT 能理解和捕捉品牌的独特性与定位，借鉴大量的成功案例，生成与之相符合的推广方案和文本。具备这么强大能力的 ChatGPT，完全算得上是营销团队不可或缺的工具，尤其在当今快节奏和高竞争性的商业环境中更是如此。

然后，通过大量数据的学习和模型的优化，ChatGPT 可以生成内容丰富、结构严谨、符合期待的演讲稿。这一点不仅减轻了演讲者的工作负担，也提高了演讲的质量和影响力。

最后，ChatGPT 在小说创作方面也具有较大的潜力。虽然文学领域通常被认为是高度个人化和极需要创意的领域，但 ChatGPT 的强大生成能力和灵活适应性表明，它很有可能成为未来文学创作的有力辅助工具。

总而言之，ChatGPT 在多个写作领域中展示了其出色的能力和广泛的应用前景。随着技术的不断进步和优化，我们有理由相信，类似 ChatGPT 这样的生成模型将在未来发挥更大的作用。

第3章

ChatGPT+智能绘画，助你成为绘画天才

3.1 美从画中来，复古人物画这样创作

所谓的“复古人物画”，通常指的是描绘人物形象的艺术作品，这些作品在风格、主题或表现手法上，大多借鉴了过去的艺术流派或时代特色。复古（Retro）一词在这里用于描述一种旨在模仿或回顾早期风格和潮流的艺术或设计。

复古人物画会采用各种历史时期的视觉语言和技巧。这种类型的作品会出现在各种媒介中，包括油画、素描、数字艺术、山水画等。

复古人物画不仅仅是对过去风格的复制或模仿，还可能融入现代元素和解释，以创造一种时代交织的视觉效果。这样的作品可能会引发关于时间、文化和艺术之间关系的思考，也可能仅仅是为了装饰。

总体来说，复古人物画是一种融合了过去和现在元素的艺术形式，通常具有较高的审美价值和文化内涵。

那么对于这样具有极高的审美价值和文化内涵的复古人物画，该怎么创作呢？如果你没有绘画功底，那么可以使用 ChatGPT ＋ Stable Diffusion 进行创作。

Stable Diffusion 是一种图像生成模型，可以根据文本提示（prompt），自动创建高质量、逼真或风格化的图像。

人们可以让 ChatGPT 根据需求，生成 Stable Diffusion 所需的文本提示。比如，你想生成一张复古人物画，这时可以让 ChatGPT 写出文本提示，如下所示。

我：你能不能帮我写 Stable Diffusion 的文本提示，我想生成复古人物画，把 prompt 写成英文。

ChatGPT：当然，以下是几个用于 Stable Diffusion 模型的英文文本提示（prompt），用于生成复古风格的人物画：

1. "A vintage-style portrait of a woman dressed in 1920s attire."

2. "A man in a retro suit against the backdrop of an old-time cityscape."

3. "A vintage-style child character holding a wooden toy airplane."

4. "A young woman dressed in 1950s rockabilly fashion, standing in front of a retro diner."

5. "A gentleman with a top hat and smoking a pipe, set against a vintage study room."

这些 prompt 可以用于引导 Stable Diffusion 模型生成您所希望的复古人物画。您可以根据自己的需要进一步定制这些提示。

您觉得这些英文提示怎么样？需要进行哪些调整吗？

需要注意的是，你让 ChatGPT 写文本提示的时候要让其写成英文，因为 Stable Diffusion 暂时不能识别中文。

在写好文本提示之后，访问 Stable Diffusion Online（网址为 https://stablediffusionweb.com），如图 3-1 所示。

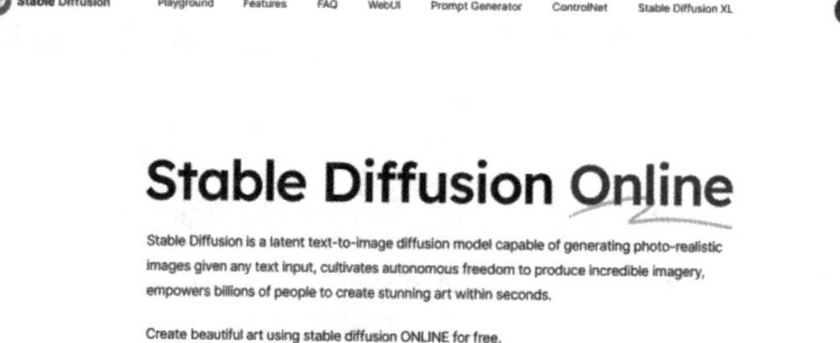

图 3-1　Stable Diffusion 网站界面

登录网站之后，点击图 3-1 中圈出来的地方，出现如图 3-2 所示的界面。

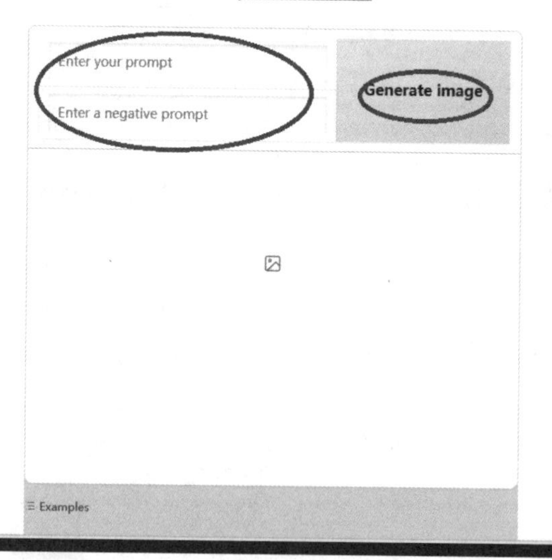

图 3-2　Stable Diffusion 图片生成界面

图 3-2 左边圈起来的地方有两个输入框，上面的输入框中填写你想要什么样子的图片，下面的输入框中填写你不想让图片包含的元素。

你可以将 ChatGPT 给出的文本提示填入上面的输入框中，接着点击图 3-2 右侧圈起来的地方，Stable Diffusion 开始生成你想要的图片。

比如，现在把 ChatGPT 给出的第 5 个文本提示（A gentleman with a top hat and smoking a pipe, set against a vintage study room，意思是一位戴着礼帽、手持烟斗的绅士，背景是复古书房），输入 Stable Diffusion 中，如图 3-3、图 3-4 所示。

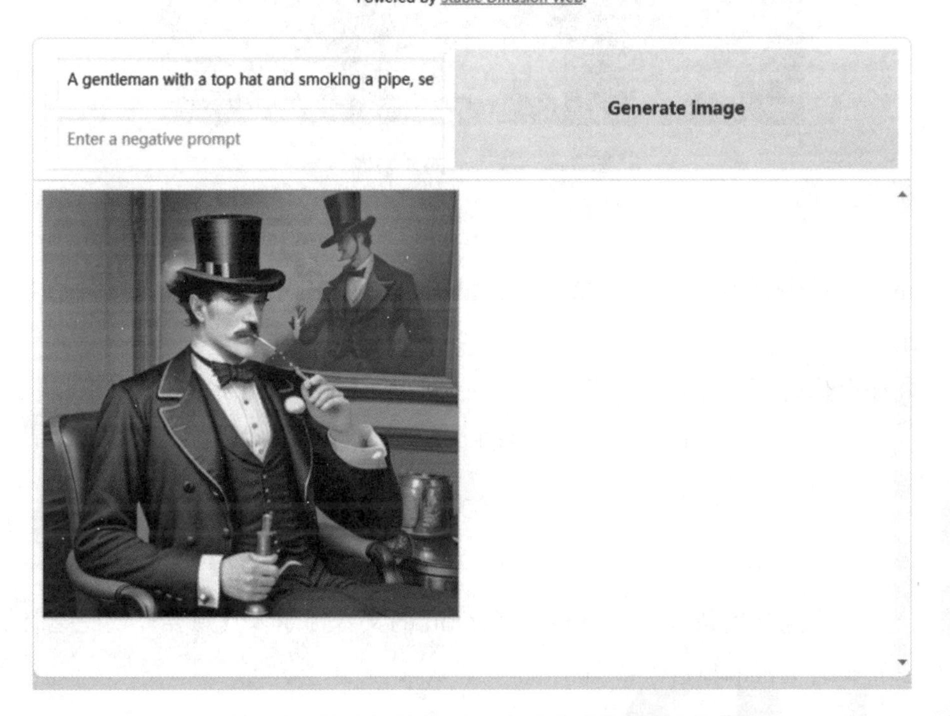

图 3-3　Stable Diffusion 自动生成的复古人物像

图 3-4 放大后的人物像

从图 3-3、图 3-4 中可以看到，Stable Diffusion 采用 ChatGPT 所写的文本提示绘制的复古人物画是非常不错的，其所绘制的复古人物画满足了要求。

如果你想要一幅民国时期的复古人物图，也可以让 ChatGPT 写出相应的文本提示，然后将其复制粘贴到 Stable Diffusion 中进行绘制，如下所示。

我：你能不能帮我写 Stable Diffusion 的文本提示，我想要一幅民国时期女子身着旗袍的复古人物画。

ChatGPT：当然，以下是用于生成民国时期女子身着旗袍的复古人物画的几个文本提示（prompt）：

prompt 1

- 英文："A vintage portrait of a woman from the Chinese Republic era, elegantly dressed in a traditional qipao."

- 中文："一幅民国时期女性的复古人物画，她身着传统旗袍，端庄优雅。"

prompt 2

- 英文："A historical depiction of a Republic of China woman in a qipao, set against a backdrop of a 1920s Shanghai street."

- 中文："一幅民国时期女性的历史描绘，她身穿旗袍，背景是20世纪20年代的上海街头。"

prompt 3

- 英文："A vintage-style painting of a Republic-era lady in a qipao, holding a traditional Chinese fan."

- 中文："一幅复古风格的民国时期女子画像，她身着旗袍，手持传统的中国扇子。"

prompt 4

- 英 文："An elegant woman from the Republic of China period, wearing a qipao and standing next to a gramophone."

- 中文："一位来自民国时期的优雅女性，身穿旗袍，站在留声机旁边。"

prompt 5

- 英文："A Republic of China woman in a qipao, sitting elegantly in a vintage rickshaw."

- 中文："一位民国时期的女性身穿旗袍，优雅地坐在复古人力车里。"

这些提示可以用于引导 Stable Diffusion 模型生成您所希望的民国时期女子身着旗袍的复古人物画。您觉得这些提示怎么样？需要进行哪些调整吗？

ChatGPT 给出了 5 个文本提示，其中第 2、4、5 个文本提示是笔者想要的，接下来把这几个文本提示复制粘贴到 Stable Diffusion 进行绘制，最后选出我们满意的复古人物画即可。

用 ChatGPT 写出我们想要的文本提示，Stable Diffusion 就会依据文本提示自动制作出我们想要的复古人物画。

3.2 ChatGPT 化身故事绘本大师

在一些亲子阅读、课堂教学中，故事绘本是必用读物，因为故事绘本有着较短的篇幅和简单的句子结构，孩子可以更容易地理解和享受阅读的乐趣。

故事绘本是一种儿童文学和艺术的结合形式，通常由精美的插图和简单、直观的文字组成。这种绘本主要是为了娱乐和教育儿童，通常针对的是婴儿、小学低年级的孩子。

在故事绘本中，插图不仅仅是对文本内容的装饰或补充，更与文字密切相关，两者共同讲述一个完整的故事。有时，插图甚至会包含故事中没有明确提到的信息或细节，从而增加了故事的层次和深度。

故事绘本是怎样创作的呢？你可能会认为创作故事绘本最难的是其中的绘画，其实最难的是其所表达的故事，故事的创作是非常需要灵感的。

如今，你可以让 ChatGPT 创作故事绘本。

比如，你现在想创作一个充满想象力并且蕴含亲子关系的故事绘本，就可以让 ChatGPT 写一个故事绘本，如下所示。

我：帮我写一个充满想象力的故事绘本，要求有亲子关系。

ChatGPT：当然，下面是一个充满想象力的亲子关系故事绘本。

故事绘本：魔法星球的一天

页面 1

（插图：小男孩 Tom 和他的妈妈坐在客厅里，妈妈正给 Tom 读故事书。）

文本：

“每天晚上，妈妈都会给 Tom 读一个晚安故事。”

页面 2

（插图：妈妈拿着一个魔法棒，Tom 的眼睛里闪烁着光芒。）

文本：

“但今晚有些不同，妈妈拿出了一个真正的魔法棒。”

页面 3

（插图：一束光芒从魔法棒中射出，Tom 和妈妈被传送到一个神奇的星球。）

文本：

“咻——一声，他们出现在了魔法星球上！”

页面 4

（插图：Tom 和妈妈站在一片五彩斑斓的森林中，周围都是会说话的植物和动物。）

文本：

“他们遇到了会说话的树木和喜欢唱歌的小兔子。”

页面 5

（插图：Tom 和妈妈坐在一只飞行的茶杯里，飞越了一个由糖果和巧克力构成的山脉。）

文本：

“接着，他们乘坐飞行茶杯穿越了甜点山脉。”

页面 6

（插图：Tom 和妈妈在一个巨大的图书馆里，书本自己翻页，文字从书中飞出来。）

文本：

“在魔法图书馆，书本和文字都成了他们的朋友。”

页面 7

（插图：Tom 看着妈妈，妈妈微笑着拥抱他。）

文本：

“‘妈妈，这是最好的一天！’Tom 高兴地说。”

页面 8

（插图：妈妈使用魔法棒，他们回到了家的客厅。）

文本：

“咻——一声，他们回到了家，但他们的心中充满了魔法和爱。”

页面 9

（插图：妈妈给 Tom 一个晚安吻，然后关掉灯。）

文本：

“‘晚安，我的小魔法师。’妈妈亲吻了 Tom，关上了灯。”

这个故事充满了想象和冒险，也表达了一种亲子间的深厚情感。你可以找专业的插图师绘制相应的图像，以增加故事的吸引力和深度。希望你喜欢！

从 ChatGPT 的回答中，可以看到，虽然 ChatGPT 不能直接画出插图，但是其可以把每页插画所用的文案告诉我们，并且把每一页的插画该如何去画，描写得很清楚，甚至连插画中的细节也都描绘了出来。

有了 ChatGPT 所给出的故事文本创作指南，你就可以自己或者找专业的插画师绘制插画。

你也可以用 Stable Diffusion 绘制插画，比如你想进行页面的插画制作，可以先让 ChatGPT 按照要求写出对应的文本提示，如下所示。

我：我想用 Stable Diffusion 绘制一幅故事绘本的插画，插画上画的是："小男孩 Tom 和他的妈妈坐在客厅里，妈妈正给 Tom 读故事书。"你帮我把这幅画变成文本提示，要求卡通可爱的风格，并且给出中文和英文两种语言。

ChatGPT：当然，使用 Stable Diffusion 创作故事绘本的插画是一个非常有创意的想法。下面是我为这个特定场景设计的 prompt。

英文 prompt:

"Create a cartoon-style illustration for a children's storybook using Stable Diffusion. The scene should depict a young boy named Tom and his mother sitting in the living room. The mother is reading a storybook to Tom. Make sure to capture a cozy and adorable atmosphere, complete with details like a comfy sofa, colorful cushions, and a warm lamp."

中文 prompt:

"使用 Stable Diffusion 创建一幅卡通风格的儿童故事书插画。场景应该描绘一个名叫 Tom 的小男孩和他的妈妈坐在客厅里，妈妈正在给 Tom 读故事书。请确保捕捉到一个舒适和可爱的氛围，包括舒适的沙发、五彩斑斓的靠垫和温暖的灯等细节。"

这个 prompt 应该能够帮助你生成一个既可爱又温馨的故事绘本插画。希望这能帮到你！

在 ChatGPT 写出文本提示之后，我将英文版本的文本提示复制粘贴到 Stable Diffusion 中，它就会自动地生成相应的图画，如图 3-5、图 3-6 所示。

Just enter your prompt and click the generate button.
No code required to generate your image!

Due to the large number of users, the server may experience problems. If you encounter an error, please try again.

Stable Diffusion Online

Stable Diffusion XL 1.0 is the latest text-to-image model from StabilityAI.
Powered by Stable Diffusion Web.

图 3-5　Stable Diffusion 自动创作的家庭温馨图片

图 3-6 放大后的家庭图

在 ChatGPT 的帮助下，创作出自己想要的故事绘本变得更简单，因为 ChatGPT 不仅可以给我们灵感，还可以把每一页的插画该如何绘制描写得相当清楚。

3.3 AI 再现宫崎骏动画场景

相信很多人都听说过宫崎骏，宫崎骏是一位日本动画电影导演、制片人、漫画家、画家。他是全球令人尊敬和十分成功的动画导演之一，对日本动画（通常称为“动漫”）以及全球电影产业都有着深远的影响。

宫崎骏的作品不仅在日本有着巨大的影响力，在全球范围内也有巨大的影响力。他的电影如《千与千寻》《龙猫》和《风之谷》等都是经典之作，被广泛研究和讨论。

宫崎骏的电影在全球范围内都受到了极高的评价，赢得了多个国际奖项，包括奥斯卡奖。他的作品在各年龄层和文化背景的观众中都有广泛的受众基础。

许多画家和动画设计师受宫崎骏的影响，想制作出宫崎骏动画风格的场景图画。宫崎骏的动画风格独特，常常融合了自然主义、幻想主义和现实主义。

他的作品通常具有深刻的主题和复杂的角色，探讨环境、战争、爱、和平和人性等多方面的问题。他以对细节的精湛处理和高质量的动画制作而著称。

他的作品不仅在视觉上令人印象深刻，而且在故事叙述和主题深度上也是非常出色的。

以前，一名绘画小白想制作出宫崎骏风格的图片，是一件非常困难的事情。如今有了各种强大的 AI 绘画工具，制作出宫崎骏风格的动画场景变得非常简单。

只要我们像绘制复古人物画一样，让 ChatGPT 帮我们写出相应的文本提示，然后将剩下的交由 Stable Diffusion 即可，如下所示。

我：我想用 Stable Diffusion 绘制一幅城下乡村的场景，要求使用宫崎骏的《千与千寻》的风格，要有丰富的细节，如果想要这样的场景需要什么 prompt，你来帮我写一下对应的 prompt，要求使用英文和中文两种语言。

ChatGPT：当然，创建一个具有宫崎骏风格的“城下乡村”场景是一个非常有趣的想法。Stable Diffusion 是一种能够生成高质量和丰富细节的图像的技术，因此它非常适合用于这种项目。

英文 prompt:

“Create a detailed countryside scene inspired by Miyazaki Hayao’s *Spirited Away*. The scene should feature a blend of natural and man-made elements, capturing the essence of a village at the edge of a city. Include elements like traditional houses, lush forests, a flowing river, and mystical creatures to evoke the magical realism typical of Miyazaki’s works.”

中文 prompt:

“请根据宫崎骏的《千与千寻》创作一个详细的乡村场景。这个场景应该融合自然和人造元素，捕捉到城市边缘的一个村庄的精髓。请包括像传统的房屋、茂密的森林、流动的河流和神秘的生物等元素，以唤起宫崎骏作品中典型的魔幻现实主义风格。”

这样的 prompt 应该能够帮助你生成一个既符合宫崎骏风格又具有丰富细节的“城下乡村”场景。希望这能帮到你！

ChatGPT 根据要求，给出了相对应的文本提示，为了方便理解，我还可以让其使用中英两种语言把文本提示表达出来。

ChatGPT 在文本提示中，详细指出场景应借鉴《千与千寻》的乡村场景，这样可以让 Stable Diffusion 更好地捕捉到该作品的风格。

ChatGPT 还提出场景中要包含自然与人造元素，这是宫崎骏作品中常见的元素，可见 ChatGPT 对宫崎骏的作品风格十分了解。

有了合适的文本提示，你就可以将其复制粘贴到 Stable Diffusion 中进行场景绘制了，如图 3-7、图 3-8 所示。

图 3-7 Stable Diffusion 自动创作的宫崎骏风格图

图 3-8 放大后的宫崎骏风格图

可以发现，Stable Diffusion 依据 ChatGPT 所写的文本提示绘制的图画明显有着《千与千寻》的风格。

你也可以尝试用 AI 复制宫崎骏《风之谷》中的一些经典画面，这时你应该让 ChatGPT 先写出文本提示，如下所示。

我：你能不能帮我写出 Stable Diffusion 的 prompt，我想画出宫崎骏作品《风之谷》里最经典的一幅画面，你帮我写得详细一些，一定要包含细节，并且使用中文和英文两种语言。

ChatGPT：当然，以下是关于宫崎骏的作品《风之谷》(Nausicaä of

the Valley of the Wind）中最经典一幅画面的prompt，分别用中文和英文描述。

中文版prompt：

“请绘制一幅详细和生动的插图，捕捉宫崎骏的《风之谷》中最经典的一刻。场景设定在一个被废墟和毒性孢子森林包围的荒凉之地。天空呈现出暗沉的灰色调，象征着这个世界的危机。

主角娜乌西卡（Nausicaä）站在画面的中央，她穿着她标志性的蓝色长袍和红色裙子，头戴飞行帽和护目镜。她的面部表情充满决心和同情，双手轻轻地触摸着一只巨大的虫子，象征着与自然界的和谐共存。

在背景中，可以看到一些被毒性孢子侵蚀的动植物，以及远处的风之谷王国的轮廓。画面的一角还应该有娜乌西卡的飞行器，它的设计应该是古老而又先进的，体现出这个世界的复杂性。

请特别注意捕捉娜乌西卡与巨大虫子之间微妙的情感连接，以及她身后的世界所散发出的末日感。整体氛围应该是神秘而又有希望的，体现出人与自然和平共处的可能性。”

英文版prompt:

“Create a detailed and vivid illustration capturing the iconic scene from Miyazaki Hayao’s *Nausicaä of the Valley of the Wind*. The setting is a desolate landscape surrounded by ruins and a toxic spore forest. The sky should have a gloomy grey hue, symbolizing the crisis of this world.

The protagonist, Nausicaä, stands at the center of the frame. She is dressed in her signature blue robe and red skirt, complete with a flying cap and goggles. Her facial expression should be one of determination and compassion as she gently touches a giant Ohmu insect, symbolizing harmony with nature.

In the background, there should be flora and fauna corroded by toxic spores, along with the silhouette of the Valley of the Wind kingdom in the distance. One corner of the frame should also feature Nausicaä's glider, designed to look both ancient and advanced, reflecting the complexity of this world.

Please pay special attention to capturing the subtle emotional connection between Nausicaä and the giant Ohmu, as well as the apocalyptic aura emanating from the world behind her. The overall atmosphere should be both mystical and hopeful, embodying the possibility of peaceful coexistence between humans and nature."

希望这个描述能够帮助你或者其他艺术家准确地捕捉到这一经典场景的所有细节和情感。如果你有其他问题或需要进一步的帮助，随时告诉我！

可以发现，ChatGPT 所写的文本提示是非常详细的，文本提示写得越详细，AI 画出来的图就越符合人们心中的预期，AI 出图的速度也就越快。

将 ChatGPT 所写的文本提示复制粘贴到 Stable Diffusion 中，其就可以按照要求绘制出相应的图片，如图 3-9 所示。

图 3-9 Stable Diffusion 模仿《风之令》创作的图

仔细观看 AI 绘制的图片，可以发现其绘制的图片是有着许多细节的，比如道路两旁的草地、远方山上的树木等。

ChatGPT + Stable Diffusion 的效果可以说是完全超出我们的预料，只要你会熟练地使用 ChatGPT 和 Stable Diffusion 这两个软件，哪怕你是一个绘画小白，也能在几分钟内画出像宫崎骏动画中的场景。

3.4 AI 山水画，惊艳到了

AI 不单单可以绘制类似宫崎骏电影中的动漫场景，就连中国的水墨山水画也可以绘制出来。

不过 Stable Diffusion 是一种用于生成图像的算法，通常用于生成具有某种特定风格或主题的图像。如果你想用 Stable Diffusion 生成一幅水墨山水画，就需要一个非常详细和具体的文本提示，来引导它的算法。

让 ChatGPT 写文本提示之前，为了保证 ChatGPT 可以充分地了解中国水墨山水画，你可以让其先介绍下中国的山水画，如下所示。

我：你知不知道山水画，知道的话详细地介绍下中国的山水画。

ChatGPT：当然，山水画是中国传统绘画的重要组成部分，具有深厚的历史和文化底蕴。这种绘画形式主要以山脉、水流、树木、石头等自然元素为主题，通过笔墨的运用来表达画家对自然和人生的感悟。

主要特点

1. 笔墨运用：山水画高度重视笔墨的运用，通过不同的笔法和墨色来表达不同的情感和意境。

2. 构图：通常采用“远近高低不同”的构图方法，以展示自然界的广阔和深远。

3. 意境：山水画不仅仅是对自然的写实描绘，更注重表达一种“意境”，即通过画面传达画家内心的情感和哲学思考。

4. 人物与自然：虽然主要以自然为主题，但人物也常常出现在画中，通常小到可以忽略不计，以强调人与自然的和谐共存。

山水画不仅是一种艺术形式，也是中国哲学、文化和审美观念的体现。它强调与自然的和谐，反映了道家和儒家对于人与自然关系的不同见解。

总体而言，山水画是中国传统文化和艺术的瑰宝，至今仍然有着广泛的影响和价值。

让 ChatGPT 对山水画进行介绍，相当于让其学习了山水画的特点，这样再让其写文本提示效果会更好。

在中国山水画中，“意境”是非常重要的一点，有的优秀作品甚至可以将绘画者的情绪传递给观看者。

接下来，你就可以把要求发给 ChatGPT，让其写出相对应的文本提示，如下所示。

我：我想用 Stable Diffusion 绘制一幅水墨山水画，需要什么 prompt，你来帮我写一下对应的 prompt，要求使用英文和中文两种语言。

ChatGPT：Stable Diffusion 是一种用于生成图像的算法，通常用于生成具有某种特定风格或主题的图像。在这种情况下，如果你想用 Stable

Diffusion 生成一幅水墨山水画，你可能需要一个详细和具体的 prompt 来引导算法。

英文 prompt:

“Create a traditional Chinese ink painting depicting a serene landscape of mountains and rivers. The mountains should be majestic and towering, while the river should flow gently through the valleys. Add mist or clouds to give a sense of depth and mystery. The overall tone should evoke a feeling of tranquility and harmony with nature.”

中文 prompt:

“创作一幅传统的中国水墨画，描绘宁静的山水景观。山应该雄伟壮观，而河流则应该轻轻地流过山谷。添加雾或云以增加深度和神秘感。整体基调应该唤起与自然和谐相处的宁静感觉。”

这些 prompt 旨在为 Stable Diffusion 算法提供足够的信息和指导，以生成一幅符合你期望的水墨山水画。你可以根据需要进一步自定义这些 prompt。希望这能帮助你！

可以发现 ChatGPT 在写文本提示时写得很详尽，这是为了让 Stable Diffusion 能够更好地理解，只有这样才能尽可能地画出符合我们要求的山水画。

你可以先将英文文本提示复制粘贴到 Stable Diffusion 中，让其按照文本提示绘制一幅山水画。如果效果不尽如人意，你可以让 ChatGPT 对文本提示进行更改。Stable Diffusion 绘制的山水画如图 3–10、图 3–11 所示。

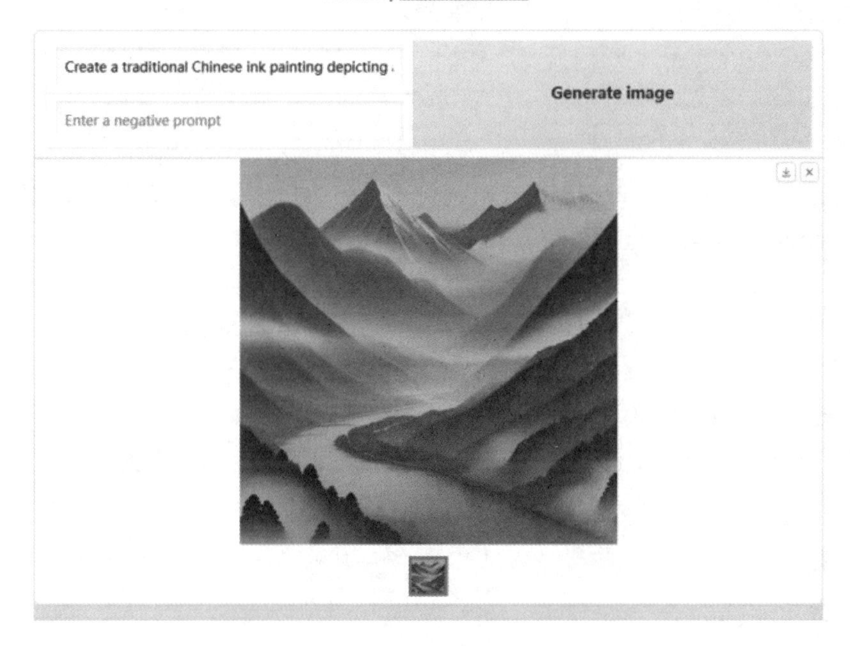

图 3-10　Stable Diffusion 创作的山水画

图 3-11　放大后的山水画

知道了 ChatGPT + Stable Diffusion 可以绘制山水画，你可以尝试着画一下现实中的名山大川，就拿李白“飞流直下三千尺，疑是银河落九天”这句诗中所描绘的瀑布山川举例，如下所示。

我：我想用 Stable Diffusion 绘制一幅庐山的水墨山水画，你来帮我写下对应的 prompt，要求用中文、英文两种语言。

ChatGPT：当然，以下是用于生成庐山水墨山水画的 prompt：

中文 prompt：

“请用水墨画风格绘制一幅庐山的山水画，重点表现庐山的瀑布和峰峦。画中应包含飞流直下的瀑布、层峦叠嶂的山峰，以及云雾缭绕的氛围。希望画面能够体现出庐山的壮观和神秘，以及水墨画的淡雅和意境。”

英文 prompt：

“Please create a traditional Chinese ink painting of Lushan Mountain, focusing on its waterfalls and peaks. The painting should feature cascading waterfalls, towering mountain ranges, and a misty atmosphere. Aim to capture the grandeur and mystery of Lushan Mountain, as well as the elegance and artistic conception of ink painting.”

这些 prompt 应该能够准确地描述你想要生成的庐山水墨山水画的主题和风格。希望这能帮助你！

接下来，把 ChatGPT 所写的英文文本提示复制粘贴到 Stable Diffusion，让其进行庐山瀑布的水墨山水画绘制，其绘制的效果如图 3-12 所示。

图 3-12　Stable Diffusion 创作的庐山山水画

AI 能绘制出这样的山水画已十分令人惊艳了，相信随着 AI 科技的发展，其绘制山水画的水平也会越来越高。

3.5　本章小结

本章探讨了如何利用 ChatGPT 和 Stable Diffusion 这两个先进的 AI 技术创作令人印象深刻的绘画作品。

这种跨领域的合作不仅展示了 AI 在文本和视觉艺术方面的多样性，还为创造高质量的内容提供了一个全新的途径。可以说这种方式在一定程度上解放了人类的生产力，在有关绘画的领域大大提高了生产效率。

ChatGPT 作为一个先进的文本生成模型，在理解用户需求、生成创意文本提示方面的能力是非常强大的。无论需要生成具有丰富细节的场景，还是需要捕捉某种特定风格或氛围，ChatGPT 都能准确地将这些需求转化为一个详细且又不失创意的文本提示。

Stable Diffusion 则是一个在图像生成方面表现非常出色的模型。它能够根据 ChatGPT 生成的文本提示，绘制出具有丰富细节的图像。这不仅包括传统的艺术形式，如山水画，还包括现代流行的内容，如故事绘本插画或电影风格的场景。更关键的是它的使用是免费的！

两种 AI 技术的结合使用，在文本和图像生成模型两方面有几个显著优点。第一，这种方法大大简化了创作过程，即使是没有经过专业训练的人也能生成高质量的艺术作品。第二，这种方法极大地提高了创作的效率和速度，使得人们在短时间内就能完成复杂和多样的项目。第三，人们还可以对已经生成的图画进行二次创作。

然而，值得注意的是，虽然这两个模型都非常强大，但它们也有其局限性。例如，生成的图像和文本有时需要进一步人工修饰和调整，以达到最终的艺术效果，就像画中国的水墨山水画一样。

总体而言，通过 ChatGPT 和 Stable Diffusion 的合作，人们不仅能够更深入地了解这两个模型各自的优点和局限性，还能探索 AI 在艺术创作中的无限可能性。这不单单为未来的研究和应用提供了有价值的见解，也为人们打开了一个全新的、充满无限可能的创意世界。

我们有理由相信随着未来 AI 技术的不断发展，AI 绘画的水平也将越来越高。

第4章

和 ChatGPT 聊聊编程那点事

4.1 生成自动编程游戏

如果你生活在古代，只要你有一门种地的好技术，那你一定会成为远近闻名的人；但现在我们生活在现代社会，而现代社会是一个信息化的社会，是一个对网络高度依赖的社会，是一个离不开各种软件的社会。

在这样一个信息化社会中，最重要的技术之一是编程，编程技术可以说无所不在，小到你用手机计算器算 1+1，大到发射火箭探索太空，都离不开编程这门技术。

同样的，人们平常玩的各种手机游戏或者电脑游戏也都是用编程技术制作出来的，生活中有不少人在小时候就会学习一些简单的编程。

ChatGPT 除了在文字编辑上有强大的功能外，在编程上也有非常强大的理解和编写能力。

只要你用文字告诉它，代码要实现的结果，它就可以将你想要的代码编写出来。更重要的是，如果你把它写的代码复制到测试软件上，这段代码还可以正常运行，如下所示。

我：帮我用 Python 写一个在 0 ～ 100 之间猜数字的小游戏程序，在我输入数字之后提醒我这个数字是高了还是低了，然后直到我猜出正确数字为止。

ChatGPT：当然！下面是一个简单的猜数字游戏，你可以运行这段代码并猜测 0 到 100 之间的数字。

```
import random
def guess_number():
    target_number = random.randint(0, 100)
    tries = 0
    print("欢迎来到猜数字游戏！请尝试猜测 0 到 100 之间的数字。")

    while True:
        try:
            guess = int(input("请输入你猜的数字："))
        except ValueError:
            print("请输入一个有效的整数。")
            continue
        tries += 1

        if guess < 0 or guess > 100:
            print("数字必须在 0 到 100 之间！ ")
        elif guess < target_number:
            print("太低了！再试一次。")
        elif guess > target_number:
            print("太高了！再试一次。")
        else:
            print(f"恭喜你，猜对了！你共尝试了{tries}次。")
            break

if __name__ == "__main__":
    guess_number()
```

你可以将上述代码粘贴到你的 Python 环境中，然后运行它。程序将提示你输入一个数字，并告诉你猜测的数字是太高、太低还是正确。

从上面对话中，可以看出，ChatGPT 完全理解笔者的要求，并且写出了满足笔者要求的游戏代码，现在将代码复制到 Python 运行环境中来检测下这段程序是否可行，如图 4-1 所示。

```
[1]: import random

def guess_number():
    target_number = random.randint(0, 100)
    tries = 0

    print("欢迎来到猜数字游戏！请尝试猜测0到100之间的数字。")

    while True:
        try:
            guess = int(input("请输入你猜的数字："))
        except ValueError:
            print("请输入一个有效的整数。")
            continue

        tries += 1

        if guess < 0 or guess > 100:
            print("数字必须在0到100之间！")
        elif guess < target_number:
            print("太低了！再试一次。")
        elif guess > target_number:
            print("太高了！再试一次。")
        else:
            print(f"恭喜你，猜对了！你共尝试了{tries}次。")
            break

if __name__ == "__main__":
    guess_number()

欢迎来到猜数字游戏！请尝试猜测0到100之间的数字。
请输入你猜的数字： 50
太高了！再试一次。
请输入你猜的数字： 25
太低了！再试一次。
请输入你猜的数字： 38
太高了！再试一次。
请输入你猜的数字： 32
太低了！再试一次。
请输入你猜的数字： 35
太低了！再试一次。
请输入你猜的数字： 36
恭喜你，猜对了！你共尝试了6次。
```

图 4-1　猜数字游戏运行结果

由图 4-1 可知，将代码复制到 Python 运行环境中运行，得到了笔者想要的运行效果，这比笔者自己一个字母一个字母地敲代码可要快多了。

哪怕你之前从来没有接触过编程，现在通过使用 ChatGPT 就可以写出想要的小游戏。

很多人小时候都玩过一款叫贪吃蛇的小游戏，现在你可以直接让 ChatGPT 写出一个贪吃蛇小游戏的游戏代码，如图 4-2 所示。

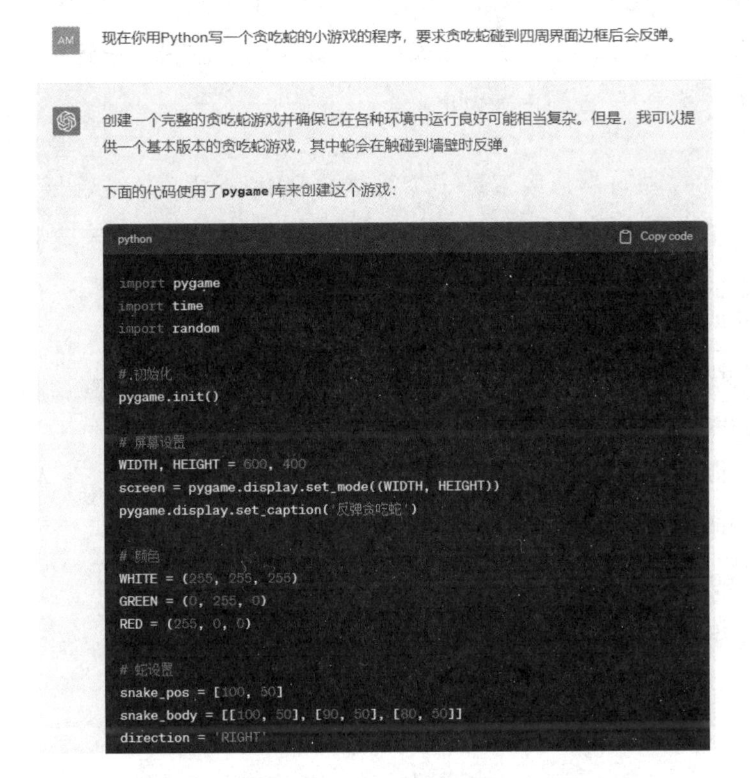

图 4-2　ChatGPT 自动写贪吃蛇小游戏代码

这个贪吃蛇游戏的代码比较长，图 4-2 只包含了其中一小部分。

如果细心观察可以发现 ChatGPT 非常贴心地为每一个部分代码进行了注释。

ChatGPT 写游戏程序的能力非常强大，你在了解了这个功能之后就可以在想玩某种类型的游戏或者突然有了一个小游戏的制作思路时，让 ChatGPT 帮忙完成这个游戏代码。

比如，你想制作一个计算 20 以内加法的小游戏来锻炼小孩子的计算能力，就可以把这件事交给 ChatGPT，如下所示。

我：你帮我用 Python 写一个 20 以内加法的游戏，要求系统随机生成 20 以内的两个数字相加，然后由玩家输入相加的答案，系统进行判断，如果正确就说“恭喜你答对了，真棒！”，如果错误就说“很遗憾答案错误，请重新输入答案。”直到正确为止。

ChatGPT：当然，以下是一个简单的 Python 程序，它会随机生成 20 以内的两个数字，并让玩家尝试将它们相加。程序会不断提示玩家直到他们输入正确的答案。

```
import random
def play_addition_game():
    num1 = random.randint(1, 20)
    num2 = random.randint(1, 20)
    correct_answer = num1 + num2
    print(f"请计算以下加法：{num1} + {num2}")
    while True:
        try:
            player_answer = int(input("请输入您的答案："))

            if player_answer == correct_answer:
                print("恭喜你答对了，真棒！")
                break
            else:
                print("很遗憾答案错误，请重新输入答案。")
        except ValueError:
            print("输入无效，请输入一个整数。")
if __name__ == "__main__":
```

play_addition_game()

当玩家输入正确答案时，程序将结束并打印祝贺信息。如果答案错误，程序将提示玩家重新输入。

你可以将这段代码复制粘贴到一个 Python 环境中运行，或保存为 .py 文件并使用 Python 解释器执行。这应该为你提供了一个简单有趣的加法游戏体验！

ChatGPT 完全理解了你的需求，之后便非常迅速地写完了代码。这段代码被复制粘贴到 Python 运行环境中是可有正常运行的，如图 4-3 所示。

```
[1]: import random

def play_addition_game():
    num1 = random.randint(1, 20)
    num2 = random.randint(1, 20)
    correct_answer = num1 + num2

    print(f"请计算以下加法：{num1} + {num2}")

    while True:
        try:
            player_answer = int(input("请输入您的答案："))

            if player_answer == correct_answer:
                print("恭喜你答对了，真棒！")
                break
            else:
                print("很遗憾答案错误，请重新输入答案。")
        except ValueError:
            print("输入无效，请输入一个整数。")

if __name__ == "__main__":
    play_addition_game()

请计算以下加法：18 + 10
请输入您的答案： 20
很遗憾答案错误，请重新输入答案。
请输入您的答案： 28
恭喜你答对了，真棒！
```

图 4-3　ChatGPT 所写测试计算能力的代码运行结果

如果运行游戏过程中发现有不满意的地方，你还可以让 ChatGPT 对游戏代码进行更改，直到满意为止。

比如，图 4-3 所示的小游戏，只要答案正确，则会自动退出游戏，你可以让 ChatGPT 将其改成在答对后自动进行下一题，如果想退出则只需要输入 000，如下所示。

我：把程序修改下，改成在答对答案后自动进行下一题，如果想要退出游戏则需要输入 000。

ChatGPT：当然！以下是修改后的程序，它将继续出题，直到玩家输入 000 退出游戏。

```
import random
def play_addition_game():
    while True:
        num1 = random.randint(1, 20)
        num2 = random.randint(1, 20)
        correct_answer = num1 + num2
        print(f"\n 请计算以下加法：{num1} + {num2}")
        while True:
            try:
                player_answer = input("请输入您的答案（输入 000 退出游戏）：")
                if player_answer == "000":
                    print("感谢玩游戏，再见！")
                    return
                player_answer = int(player_answer)
                if player_answer == correct_answer:
                    print("恭喜你答对了，真棒！")
                    break
                else:
```

```
                print("很遗憾答案错误，请重新输入答案。")
            except ValueError:
                print("输入无效，请输入一个整数或 000 退出游戏。")
if __name__ == "__main__":
    play_addition_game()
```

现在，如果玩家输入了正确的答案，程序将自动进入下一题。如果玩家想退出游戏，只需输入 000。

你可以尝试运行这个代码，看看它是否满足你的要求！

你可以把修改后的代码复制粘贴到 Python 的运行环境中，看是否可以正常运行，如图 4–4 所示。

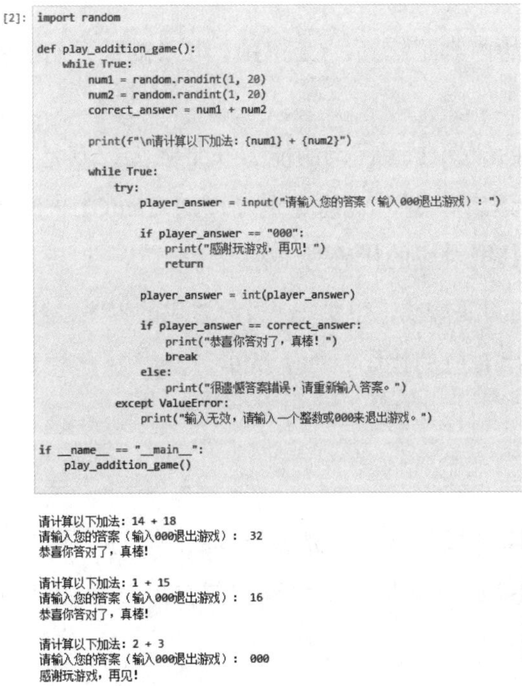

```
[2]: import random

def play_addition_game():
    while True:
        num1 = random.randint(1, 20)
        num2 = random.randint(1, 20)
        correct_answer = num1 + num2

        print(f"\n请计算以下加法: {num1} + {num2}")

        while True:
            try:
                player_answer = input("请输入您的答案（输入000退出游戏）: ")

                if player_answer == "000":
                    print("感谢玩游戏，再见！")
                    return

                player_answer = int(player_answer)

                if player_answer == correct_answer:
                    print("恭喜你答对了，真棒！")
                    break
                else:
                    print("很遗憾答案错误，请重新输入答案。")
            except ValueError:
                print("输入无效，请输入一个整数或000来退出游戏。")

if __name__ == "__main__":
    play_addition_game()

请计算以下加法: 14 + 18
请输入您的答案（输入000退出游戏）:  32
恭喜你答对了，真棒!

请计算以下加法: 1 + 15
请输入您的答案（输入000退出游戏）:  16
恭喜你答对了，真棒!

请计算以下加法: 2 + 3
请输入您的答案（输入000退出游戏）:  000
感谢玩游戏，再见!
```

图 4–4　加入退出功能后，游戏代码运行结果

从图 4–4 中，可以发现，ChatGPT 修改后的代码非常符合要求，在答对一道题后系统随之出下一道题，在输入 000 之后游戏则退出。

随着信息技术的不断发展，掌握一门编程技术变得越来越重要，但是想独立学习编程是非常困难的一件事情。

如今 ChatGPT 在编程上具有强大的能力，人们就不用担心自己学不会编程了，因为可以请 ChatGPT 帮忙。

4.2 用 ChatGPT 写流畅代码

通过上一节的内容了解到，ChatGPT 可以按照人们的要求写出人们想要的游戏代码。

由此可知，ChatGPT 写代码的能力非常强大，其是由 OpenAI 公司开发的一款人工智能语言模型。人们完全可以向 ChatGPT 直接提出其想要实现的结果，然后让其把对应的代码写出来。

比如，笔者打算买房子，想要一个计算月供的程序，这时就可以向 ChatGPT 提出要求让它写出对应的代码，如下所示。

我：现在你来帮我写一个计算房贷月供的程序，要求单位是元，在我输入房屋总价、贷款比例、贷款年利率和贷款年限之后计算出月供是多少并输出。

ChatGPT：当然！以下是一个简单的贷款计算器程序，它根据你输入的房屋总价、贷款比例、贷款年利率和贷款年限计算月供（单位为元）。

该计算器使用等额本息还款法进行计算，这是一种常用的计算月供的方法。

```
def calculate_monthly_payment(total_price, loan_ratio, annual_interest_rate, loan_years):
    # 计算贷款金额
    loan_amount = total_price * loan_ratio / 100
    # 月利率
    monthly_interest_rate = annual_interest_rate / 12 / 100
    # 贷款总月数
    loan_months = loan_years * 12
    # 计算月供
    monthly_payment = loan_amount * monthly_interest_rate * (1 + monthly_interest_rate) ** loan_months / ((1 + monthly_interest_rate) ** loan_months - 1)
    return monthly_payment
def main():
    try:
        total_price = float(input("请输入房屋总价（单位：元）:"))
        loan_ratio = float(input("请输入贷款比例（例如，80表示80%的贷款）:"))
        annual_interest_rate = float(input("请输入贷款年利率（例如,4.9表示4.9%的年利率）:"))
        loan_years = int(input("请输入贷款年限:"))
        monthly_payment = calculate_monthly_payment(total_price, loan_ratio, annual_interest_rate, loan_years)
        print(f"您的月供为:{monthly_payment:.2f}元")
    except ValueError:
```

```
        print("输入无效，请确保输入正确的数字格式。")
if __name__ == "__main__":
    main()
```

这个程序将提示你输入房屋总价、贷款比例、贷款年利率和贷款年限。然后，它将使用这些信息计算月供，并以元为单位将结果打印出来。

可以发现，ChatGPT 很好地理解了笔者的要求，其在写代码时完全没有卡顿，非常顺畅地就把代码写了出来，这效率很高，准确率也很高。

ChatGPT 在写代码时，会在代码里加上注释，这样有利于人们理解每部分代码的含义和功能。而且其写的代码中，变量命名也是非常简洁明了的，很容易就能看懂其代表意思。

下面将代码复制到 Python 运行环境中看看是否可以正常运行并得到笔者想要的效果，如图 4–5 所示。

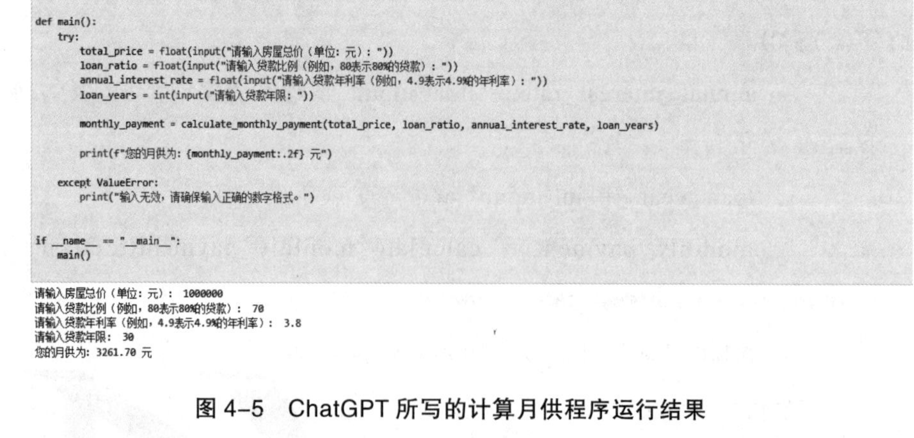

```
[2]: def calculate_monthly_payment(total_price, loan_ratio, annual_interest_rate, loan_years):
         # 计算贷款金额
         loan_amount = total_price * loan_ratio / 100

         # 月利率
         monthly_interest_rate = annual_interest_rate / 12 / 100

         # 贷款总月数
         loan_months = loan_years * 12

         # 计算月供
         monthly_payment = loan_amount * monthly_interest_rate * (1 + monthly_interest_rate) ** loan_months / ((1 + monthly_interest_rate) ** loan_months - 1)

         return monthly_payment


     def main():
         try:
             total_price = float(input("请输入房屋总价（单位：元）："))
             loan_ratio = float(input("请输入贷款比例（例如，80表示80%的贷款）："))
             annual_interest_rate = float(input("请输入贷款年利率（例如，4.9表示4.9%的年利率）："))
             loan_years = int(input("请输入贷款年限："))

             monthly_payment = calculate_monthly_payment(total_price, loan_ratio, annual_interest_rate, loan_years)

             print(f"您的月供为：{monthly_payment:.2f} 元")

         except ValueError:
             print("输入无效，请确保输入正确的数字格式。")


     if __name__ == "__main__":
         main()

     请输入房屋总价（单位：元）： 1000000
     请输入贷款比例（例如，80表示80%的贷款）： 70
     请输入贷款年利率（例如，4.9表示4.9%的年利率）： 3.8
     请输入贷款年限： 30
     您的月供为：3261.70 元
```

图 4–5　ChatGPT 所写的计算月供程序运行结果

从图 4-5 中可以发现 ChatGPT 所写的月供计算器程序是可以正确运行的，在输入房屋总价、贷款比例、贷款年利率和贷款年限之后月供的数值也就计算出来了，经检验后这个数值是正确的。

以上例子说明 ChatGPT 在写代码上有着非常强的能力，这对人们写代码有非常大的帮助。

假设笔者是一名班主任，现在需要开发一个班级学生的身份信息管理系统，这时就可以把这项任务交给 ChatGPT，如下所示。

我：你现在帮我用 Python 写一个身份信息管理系统，这个系统包括姓名、性别、年级、班级和考试成绩，实现输入 0 就能添加信息，输入 1 就能删除信息，输入 2 就能遍历信息，输入 3 就能访问某个信息，输入 4 就能退出系统。

ChatGPT：当然！下面的代码实现了一个基本的身份信息管理系统。你可以输入 0 添加信息，输入 1 删除信息，输入 2 遍历信息，输入 3 访问某个信息，输入 4 退出系统。

```
class Student:
    def __init__(self, name, gender, grade, class_num, score):
        self.name = name
        self.gender = gender
        self.grade = grade
        self.class_num = class_num
        self.score = score

    def __str__(self):
        return f"{self.name}, {self.gender}, {self.grade} 年级 , {self.
```

```
class_num}班，考试成绩：{self.score}"

    students = []

    def add_student():
        name = input("请输入姓名：")
        gender = input("请输入性别（男/女）：")
        grade = input("请输入年级：")
        class_num = input("请输入班级：")
        score = float(input("请输入考试成绩："))
        student = Student(name, gender, grade, class_num, score)
        students.append(student)
        print("学生信息已添加！ ")

    def delete_student():
        name = input("请输入要删除的学生的姓名：")
        found = False
        for student in students:
            if student.name == name:
                students.remove(student)
                found = True
                print("学生信息已删除！ ")
                break

        if not found:
            print("未找到该学生。")
```

```
def list_students():
    if students:
        for student in students:
            print(student)
    else:
        print("学生列表为空。")

def access_student():
    name = input("请输入要访问的学生的姓名：")
    found = False
    for student in students:
        if student.name == name:
            print(student)
            found = True
            break

    if not found:
        print("未找到该学生。")

def main():
    while True:
        print("身份信息管理系统")
        print("0: 添加信息")
        print("1: 删除信息")
        print("2: 遍历信息")
        print("3: 访问某个信息")
        print("4: 退出系统")
```

```
        choice = input("请输入操作编号：")

        if choice == '0':
            add_student()
        elif choice == '1':
            delete_student()
        elif choice == '2':
            list_students()
        elif choice == '3':
            access_student()
        elif choice == '4':
            print("退出系统")
            break
        else:
            print("无效选择，请重新输入！")

if __name__ == "__main__":
    main()
```

请注意，这个代码示例在内存中存储学生信息，因此在程序关闭后信息会丢失。在真实的系统中，你可能会希望使用数据库或文件来持久化存储这些信息。

从上面 ChatGPT 写的代码中，可以看出其确实实现了笔者想要的功能。将代码复制到 Python 运行环境中，其是可以正确运行的，如图 4-6 所示。

```
    elif choice == '4':
        print("退出系统")
        break
    else:
        print("无效选择，请重新输入！")


if __name__ == "__main__":
    main()
```

```
身份信息管理系统
0: 添加信息
1: 删除信息
2: 遍历信息
3: 访问某个信息
4: 退出系统
请输入操作编号: 0
请输入姓名: 张三
请输入性别（男/女）: 男
请输入年级: 高三
请输入班级: 141班
请输入考试成绩: 543
学生信息已添加!
身份信息管理系统
0: 添加信息
1: 删除信息
2: 遍历信息
3: 访问某个信息
4: 退出系统
请输入操作编号: 2
张三, 男, 高三年级, 141班班, 考试成绩: 543.0
身份信息管理系统
0: 添加信息
1: 删除信息
2: 遍历信息
3: 访问某个信息
4: 退出系统
请输入操作编号: 4
退出系统
```

图 4-6　学生身份信息管理系统运行结果

若你从事的是编程工作，一旦学会使用 ChatGPT，你将如虎添翼。

若你不会编程但是想通过编程实现某个功能，如果你不会使用 ChatGPT 则只能花钱让会编程的人帮你写，如果你会使用 ChatGPT 则可以让 ChatGPT 帮你写代码，这样不仅速度快还不用专门花钱找人帮忙。

假设笔者是一名小学的数学老师，现在想要一个乘法表，这个乘法表可以展示到任意的 $n \times n$，这时可以交给 ChatGPT 来写这个程序，如下所示。

我：现在我要一个乘法表的程序，你帮我用 Python 写这个程序，要求是我输入 5 则这个乘法表就到 5×5，我输入 9 则这个乘法表就到 9×9 。

ChatGPT：当然！以下是一个 Python 程序，用于根据你的输入打印乘法表。如果你输入 5，它将打印出 5×5 的乘法表；如果输入 9，则打印 9×9 的乘法表，以此类推。

```
def print_multiplication_table(n):
    for i in range(1, n + 1):
        for j in range(1, i + 1):
            print(f"{i}×{j}={i * j}", end="\t")
        print()  # 打印换行
def main():
    try:
        size = int(input("请输入乘法表的大小（例如，输入5将打印5×5的乘法表）："))
        if 1 <= size <= 9:
            print_multiplication_table(size)
        else:
            print("请输入1到9之间的数字。")
    except ValueError:
        print("输入无效，请输入一个整数。")
if __name__ == "__main__":
    main()
```

这个程序将提示你输入一个数字，并根据你的输入打印相应大小的乘法表。如果输入的数字不在 1 到 9 之间，程序会提示你输入有效的数字。

你可以将这段代码复制到一个 Python 环境中运行，或将其保存为 .py 文件并使用 Python 解释器执行。

将ChatGPT所写的代码复制到Python的运行环境中，它是可以正常运行的，如图4-7所示。

```
[8]: def print_multiplication_table(n):
         for i in range(1, n + 1):
             for j in range(1, i + 1):
                 print(f"{i}×{j}={i * j}", end="\t")
             print()  # 打印换行

     def main():
         try:
             size = int(input("请输入乘法表的大小（例如，输入5将打印5×5的乘法表）："))
             if 1 <= size <= 9:
                 print_multiplication_table(size)
             else:
                 print("请输入1到9之间的数字。")
         except ValueError:
             print("输入无效，请输入一个整数。")

     if __name__ == "__main__":
         main()

     请输入乘法表的大小（例如，输入5将打印5×5的乘法表）： 6
     1×1=1
     2×1=2	2×2=4
     3×1=3	3×2=6	3×3=9
     4×1=4	4×2=8	4×3=12	4×4=16
     5×1=5	5×2=10	5×3=15	5×4=20	5×5=25
     6×1=6	6×2=12	6×3=18	6×4=24	6×5=30	6×6=36
```

图4-7　ChatGPT所写6×6乘法表运行结果

这段代码很好地满足了笔者的要求，可见ChatGPT的理解力和写代码能力非常出色，其写代码不仅快而且正确率极高。

就像计算器的出现，让很多不会算数的人也能做生意、算对账目一样，ChatGPT的出现和发展可以让不会编程的人写出游戏程序。

掌握了ChatGPT，把它当作助手，不论你是编程小白还是编程大神，都会获得巨大的帮助。

4.3 尝试 Scratch 代码

Scratch 一个免费的儿童编程社区，用户可以通过拖曳代码块的方式编写程序，这样就不必担心拼写或语法错误了。这对于初学者来说是一个友好的操作方式，可以令初学者更容易地掌握编程的基础概念。

Scratch 采用代码块的方式，而 ChatGPT 目前采用文本模式，无法直接与图形界面互动或展示 Scratch 的可视化代码块。但是，ChatGPT 可以用文字描述一个简单的 Scratch 项目，并解释它是如何工作的。

比如，笔者想创建一个简单的动画，其中有一个角色（在 Scratch 中称为“角色”）在屏幕上左右移动。此时可以让 ChatGPT 用文字描述下相应的代码块该如何摆放，如下所示。

我：我想创建一个简单的动画，其中有一个角色在屏幕上左右移动，现在你用文字描述下该怎么编写 Scratch 的代码块。

ChatGPT：当然！以下是一个在屏幕上左右移动角色的 Scratch 代码块的文字描述。这个动画可以让角色从屏幕的一边移动到另一边，然后反方向移动，如此往复。

1. 选择或创建角色：从 Scratch 的角色库中选择一个角色，或者自己绘制一个。

2. 编写代码：在角色的代码区域，可以按照以下步骤组合代码块。

a. 使用“当绿旗被点击”代码块来启动程序。

b. 使用“将 x 坐标设为”代码块将角色的 x 坐标设置到屏幕的一侧（例如 -240，具体数值可能取决于你的画布大小）。

c. 添加一个“永远”循环代码块，以便角色不停地移动。

d. 在“永远”循环代码块内，添加一个“重复执行直到”代码块，并选择“碰到舞台边缘”作为条件。

e. 在“重复执行直到”代码块内，添加“移动 10 步”代码块，使角色朝一个方向移动。

f. 在“重复执行直到”代码块之后，添加“碰到边缘就反弹”代码块，使角色在到达屏幕边缘时反向移动。

以下是文字形式的代码结构：

```
当绿旗被点击
  将 x 设为 -240（或屏幕左侧的值）
  永远
    重复执行直到 碰到舞台边缘
      移动 10 步
    碰到边缘就反弹
```

当你点击绿旗时，角色将开始在屏幕上左右移动，并在到达边缘时反弹。你可以根据需要调整移动的步长或初始位置。

ChatGPT 用文字清晰地描述了 Scratch 的代码块如何摆放，只要按照 ChatGPT 描述的进行代码块摆放即可得到人们想要的效果，如图 4–8、图 4–9 所示。

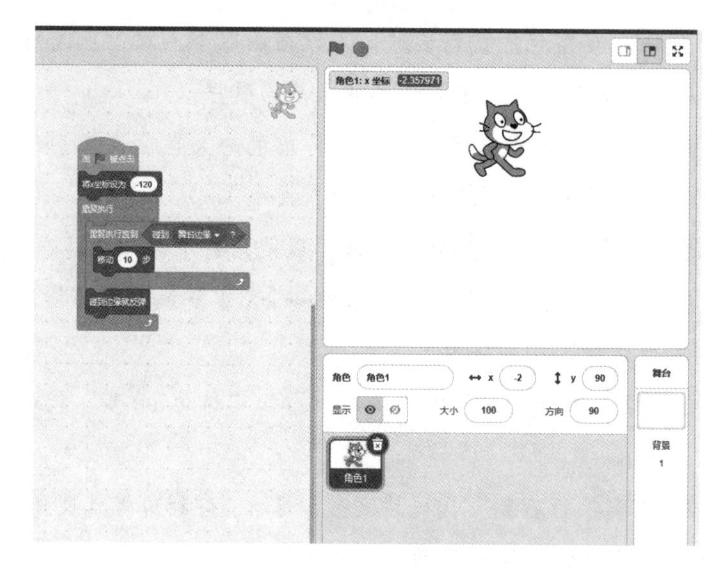

图 4-8　根据 ChatGPT 文字描述摆放 Scratch 代码块

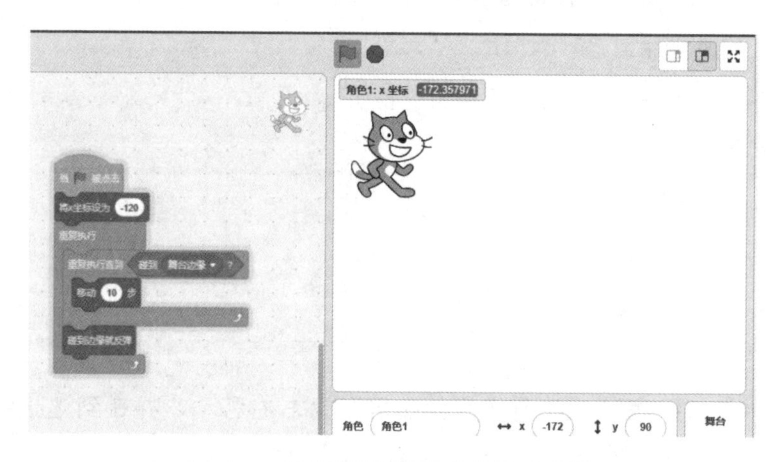

图 4-9　角色碰到界面边框时将会反弹

按照 ChatGPT 所描述堆砌的代码块运行后，角色一直在左右移动，当碰到两边的界面边框时就会反弹，完全符合要求。

Scratch 的各个代码块都有专有名字，所以使有 ChatGPT 的文字描述实现想要的动画效果还是非常简单的。

如果你家里有适龄孩子，想让孩子学习 Scratch 编程的话，完全可以让 ChatGPT 帮助你。

使用 Scratch 的过程中，你会发现只使用软件自带的代码块有时无法达到自己的目的，所以需要自己制作代码块。ChatGPT 可以教你怎样制作一个自己想要的代码块，你只要把自己的想法发给 ChatGPT，然后按照其给出的步骤操作即可。

4.4 本章小结

本章深入探讨了 ChatGPT 在编程教育领域的应用潜力。

编程是一种非常实用的技能。随着信息时代的不断发展，会使用编程工具将成为现代社会的基础素养之一。然而，许多人在学习编程的旅程中面临很多困难，包括理解抽象概念、解决调试问题以及在没有专人指导的情况下如何自我提升等。ChatGPT 在帮助人们解决这些困难上有着非常优秀的表现。

首先，ChatGPT 可以在用户的要求下用 Python 自动编写游戏，这不仅使学习过程更为生动有趣，还为用户提供了一个实际操作的环境。与传统的编程教程不同，ChatGPT 提供的是一种更为互动、个性化的学习体验。用户可以直接观察代码是如何组织、执行的，还可以即时获取反馈，这对于培养编程思维和提高问题解决能力极为重要。

其次，ChatGPT 具备编写流畅代码的能力，还能检查用户代码中的潜在错误。这样不仅节省了初学者大量纠错和调试的时间，还能进一步引导他们对程序进行优化和改进。在职业发展中，编写高效、可维护的代码是非常重要的，ChatGPT 在这一方面的辅助作用有非常大的应用前景。

最后，本章介绍了 ChatGPT 在 Scratch 编程方面的应用。Scratch 是一种视觉编程语言，特别适合编程初学者和儿童。在 ChatGPT 的帮助下，用户可以更轻松地理解 Scratch 的基础概念和高级功能。

总而言之，ChatGPT 不仅是一个强大的文本生成工具，还是编程教育的有力助手。它弥补了传统编程教育在个性化教学、即时反馈和实用操作方面的不足，提供了一个富有互动性和灵活性的学习平台。无论你是编程新手，还是有一定基础想进一步提升的学习者，ChatGPT 都能提供多角度、全方位的支持，帮助你更有效、更深入地学习编程。

第5章

训练 ChatGPT，让它化身 AI 助教

5.1 ChatGPT参与专业课备课、讲课

每一位教育工作者在上课前都会对本节课所要讲的内容进行备课，备课完成后才会给学生讲课。ChatGPT可以帮助教师备课甚至可以参与到讲课过程中。

事实上，如今已经有教师使用ChatGPT帮助自己备课以及讲课。

比如，笔者是一名音乐教师，新生入学后需要给学生上课，这时就可以让ChatGPT给一些建议，如下所示。

我：我是一名高中音乐老师，如今新生入学，我要给学生上第一堂音乐课，你对我的备课有什么建议吗？

ChatGPT：当然，新学期的第一堂音乐课非常重要，因为它会给学生留下初步的印象，并激发他们对音乐的兴趣。以下是一些备课建议，帮助你更好地组织课程。

1. 了解你的学生

了解学生的音乐背景和兴趣，这样你就可以设计出更有针对性的教学内容。

2. 设立明确目标

明确第一节课的教学目标和学生应获得的学习成果。

3. 创建积极的学习氛围

通过活泼的开场和积极的教学态度，帮助学生减轻紧张情绪，积极参与课堂。

4. 介绍音乐基础

可以通过引人入胜的方式介绍一些基本的音乐知识，如音乐的元素、音乐符号等。

5. 实际操作与体验

如果条件允许，可让学生尝试一些简单的乐器或合唱练习，让他们真实感受音乐的魅力。

6. 引入有趣的故事和示例

通过讲解一些著名的音乐作品和音乐家的故事，将理论知识和实际应用结合起来，使内容更加生动有趣。

7. 鼓励学生参与互动

可以设计一些小组讨论、问答环节，鼓励学生表达自己对音乐的理解和兴趣。

8. 给出课程展望

向学生介绍本学期将要学习的内容，以及他们可以期待的表演和活动，以激发他们的学习兴趣和积极性。

9. 提供资源和支持

如有必要，可以向学生提供一些额外的学习资源，如音乐书籍、在线教程等，以支持他们的自主学习。

10. 评估和反馈

在课程结束时，通过简单的问答或反馈，了解学生对课程的感受和理解程度，并及时调整后续教学方案。

第一堂课的成功不仅取决于你所传递的知识，更重要的是能够激发学生的兴趣和参与热情。通过组织有趣而富有启发性的活动，你可以为整个学期的音乐课程奠定一个坚实的基础。祝你的第一节课成功！

从 ChatGPT 给出的第一节音乐课的备课建议中，可以发现其并不仅仅告诉笔者要在第一节课上讲什么，还着重说了第一节课的重要性。

从上课前了解学生到课堂教学的开展再到课后学生反馈，这是非常完整的可行性很强的建议。

如果想了解更详细的内容，可以让 ChatGPT 把某一部分展开，给出更加具体的措施方法，如下所示。

我：你上面有一条是“介绍音乐基础”，你觉得该怎样介绍音乐的基础才能不枯燥呢，把具体的介绍方式方法告诉我。

ChatGPT：当然！介绍音乐基础并不一定会枯燥。你可以通过以下方式使其更有趣。

1. 使用视觉辅助工具

利用图片、图表或动画来解释基本的音乐符号和术语。例如，你可以通过漫画或动画来展示一个音符的演化过程。

2. 互动式教学

通过问答、游戏或竞赛的方式教授基础知识。例如，可以设置一个音乐符号的记忆游戏或者音阶的竞赛。

3. 实际操作演示

用乐器演示不同的音阶、节奏或和弦，让学生听到这些理论概念的实际音效。或者通过手势、敲击桌子等方式展示节奏。

4. 通过故事串联

创建一个有趣的故事，将音乐的基本元素与情节结合起来。例如，你可以构建一个音乐森林的故事，将音符、节奏、旋律等元素赋予角色形象。

5. 邀请学生参与

可以邀请学生一起来演示或实践，比如共同拍打节奏，或者模仿不同的音高，让他们在实践中理解和感受。

6. 采用流行音乐实例

可以选取一些学生熟悉的流行音乐，分析其中的音乐元素，比如旋律、节奏等，让学生能够更直观地理解。

7. 组织小型创作活动

让学生尝试简单的音乐创作，比如他们可以使用音乐软件或简易乐器来创作自己的小段旋律。

8. 设置主题探索

你可以设置一个主题，比如"节奏之旅"，然后以探险家的角色引导学生一起探索音乐的基础知识。

9. 使用身体节奏练习

通过身体的动作教授节奏和拍子，让学生用手拍、脚踩等方式理解和练习，增加了趣味性。

通过上述方法，你可以将音乐基础知识变得生动有趣。最重要的是，尽量让学生参与进来，让他们通过多种方式感受和理解音乐，这样会让学习过程更加愉悦和高效。

关于如何介绍音乐基础才能不枯燥，ChatGPT 给出了很多可行方案，这些方法都很不错，这些方法不仅可以把音乐基础传授给学生，还能保证课堂氛围活跃。

不只是音乐课，其他课程教师也可以借助 ChatGPT 备课、上课。当教师不知道如何设置与专业相关的游戏来活跃气氛时，可以让 ChatGPT 列举一些可行性的方法。

当你想把某个知识点和生活关联起来时，可以让 ChatGPT 帮忙列举一些具体的实例。

比如，你是一名糕点师傅，下节课你打算教授学员制作蛋挞。你打算在授课过程中和学员玩一个游戏，这个游戏既要能帮助学员学习制作蛋挞的知识，又要有趣味性，这时可以让 ChatGPT 帮忙设计游戏，如下所示。

我：你好，我是一名糕点师傅，我想在教授学员学习制作蛋挞的课程上进行一场游戏，这个游戏既要能帮助学员学习到制作蛋挞的知识，又要有趣味性，你能帮我设计这样的一个游戏吗？

ChatGPT：当然可以！我可以为您设计一个有趣且有教育性的游戏，帮助学员学习制作蛋挞的知识。以下是一个可能的游戏设计，您可以根据需要进行调整：

游戏名称：蛋挞大师挑战

游戏概述：这个游戏将分为多个关卡，每个关卡都涵盖了制作蛋挞的不同步骤和技能。学员需要在限定时间内完成每个关卡的任务，从而获得游戏积分和奖励。

关卡设计：

1. 挑选完美的外壳：学员需要在一堆不同类型的蛋挞外壳中选择最适合的。他们将学习有关不同外壳风味、质地和特点的知识。

2. 蛋液调配考验：学员需要根据提示，在一个虚拟的调配台上调配蛋液。他们将了解蛋液比例和调味品的重要性。

3. 填充材料拼图：学员根据蛋挞的配方，将不同类型的填充材料拖放到正确的位置。这将帮助他们理解不同馅料的搭配和分布。

4. 烘焙大挑战：在这个关卡中，学员需要设置烤箱的温度和时间，以确保蛋挞烘焙得恰到好处。他们将了解烘焙技巧和温度控制的重要性。

5. 装饰创意竞赛：学员将有机会装饰他们的蛋挞，展示他们的创意。这将鼓励他们将蛋挞制作得更具个性化。

奖励和积分：每个关卡完成后，学员将获得积分，积分将决定他们在课程中的表现。您可以设定一些小奖励，比如蛋挞食材礼包、食谱册等，作为他们在游戏中表现出色的奖励。

排行榜和竞争：您可以设置一个排行榜，显示学员在游戏中的积分和成绩。这将鼓励学员互相竞争，提高参与度和学习积极性。

总结：这个游戏将结合互动性和趣味性，帮助学员在参与游戏的过程中学习蛋挞制作的不同技能和知识。记得根据您的实际情况进行调整和定制，以确保游戏能够有效地教育和娱乐学员。祝您的蛋挞制作课程取得成功！

ChatGPT 给出的游戏非常适合糕点师傅在课堂上使用，这样的课堂游戏涵盖了蛋挞的选材到制作完成的全流程，最后还有积分和排名，不仅可以帮助学员熟悉蛋挞制作的步骤，还可以调动学员的好胜心，从而起到更好的授课效果。

不论备课时查找资料，还是设置上课流程，抑或课后收集学生反馈并分析，ChatGPT 都可以极大地提高人们的工作效率和授课质量。

学会了使用 ChatGPT，备课和上课的效果会变得更好，课堂氛围会更好。相信各个专业课的教师有了 ChatGPT 就会如虎添翼，不论是备课还是上课都会轻松很多。

5.2 ChatGPT 搞定专业教案

上一节中提到 ChatGPT 可以帮助各个专业的教师备课和上课，其实

ChatGPT 不仅可以给出备课的建议，还可以直接写出完整的教案。

不论你教授的是什么专业，ChatGPT 都可以帮你写出专业教案。

写一份合格的教案需要有非常丰富的教学经验，一份合格的教案都包括哪些内容，可以让 ChatGPT 回答这个问题，如下所示。

我：你现在是一名老师，告诉我一份合格的教案都要包括哪些内容。

ChatGPT：一份合格的教案是教师教学的计划和指导，它对于教学效果至关重要。一般来说，一份完整且合格的教案应包括以下内容。

1. 课程信息
   - 科目：教授的科目名称
   - 年级：目标教学的年级
   - 主题：本节课的主题或者课题
   - 日期和时间：教学日期和时长
2. 教学目标与目的
   - 学生将学到什么
   - 为何要学这些内容
   - 学习的长期和短期目标
3. 教学资源
   - 需要的教具、教材、多媒体资源等
4. 教学方法与策略
   - 教学方法（如讲解、讨论、小组合作等）
   - 教学过程中可能使用的技巧或策略
5. 课堂活动的安排
   - 导入：如何引起学生的兴趣和注意力
   - 发展：具体教学步骤，包括学生的活动和教师的指导

- 总结：对本节课内容的总结和归纳
- 扩展与拓展：提供更深入的学习材料或问题

6. 评估与反馈
   - 学生学习的评估方法（如作业、测试、口头提问等）
   - 反馈和评价标准
   - 对学生学习进展的跟踪和记录

7. 教师的自我反思
   - 对教学过程的反思和评价
   - 对可能出现问题的预测和解决方案
   - 对未来教学的改进计划

8. 个别化教学
   - 考虑到不同学生的需求和差异，制定个别化教学方案

9. 家庭作业与延伸阅读
   - 分配的家庭作业
   - 推荐的延伸阅读和学习材料

10. 备课资料
    - 教师可能需要的额外资料、引用或参考文献

编写合格的教案不仅需要教师具备丰富的教学经验和深入的学科知识，还需要花费时间和精力来精心准备。教案也不是一成不变的，教师应根据学生的学习进展和反馈不断调整和优化。

ChatGPT 将一份教案所要包含的内容总结得非常到位，教学目标、教学资源、教学方法等都包含在内。

知道了一份教案要包括哪些内容后，你就可以让 ChatGPT 按照这个教案模板写一份教案，只要你把一些基本信息告诉 ChatGPT 即可，如下所示。

我：现在我将课程相关信息发给你，你将其写入上面的教案模板中。科目是 Python 编程，给一年级学生上课，这节课教“什么是变量”，两个小时讲完。

ChatGPT：当然！下面是一份关于一年级学生的 Python 编程教案，本节课的主题是“什么是变量”。

教案

1. 课程信息

- 科目：Python 编程
- 年级：一年级
- 主题：什么是变量
- 日期和时间：（具体日期待定），时长：两个小时

2. 教学目标与目的

- 学生能理解变量的概念，以及在编程中会使用变量
- 培养学生的逻辑思维能力和编程兴趣

3. 教学资源

- 教材：基础 Python 教材
- 教具：计算机、投影仪
- 多媒体资源：Python 编程环境

4. 教学方法与策略

- 方法：讲解、实例演示、学生练习
- 策略：通过生活实例引入编程概念

5. 课堂活动的安排

- 导入：通过生活中的例子引入变量概念
- 发展：

（1）讲解变量的定义和作用

（2）演示如何在 Python 中声明和使用变量

（3）学生实践：在教师的指导下，学生尝试编写使用变量的代码

- 总结：回顾变量的概念和在 Python 中的应用
- 扩展与拓展：介绍一些更复杂的变量类型（如列表、字典等）

6. 评估与反馈
   - 口头提问和回答
   - 学生展示编写的代码
   - 对学生编程作业进行评估
7. 教师的自我反思
   - 本节课的成功与改进之处
   - 预测可能遇到的问题并准备解决方案
8. 个别化教学
   - 针对不同编程基础的学生，提供不同层次的指导和任务
9. 家庭作业与延伸阅读
   - 作业：编写使用变量的简单 Python 程序
   - 延伸阅读：推荐一些适合一年级学生的 Python 编程入门资料
10. 备课资料
    - Python 官方文档
    - 其他适合初学者的 Python 编程书籍和在线教程

这个教案可以根据实际情况和学生的需要进一步调整和优化。希望这对你的教学有所帮助！

在上面的对话中，笔者只告诉了 ChatGPT 要讲的是 Python 中的变量，其他的像教学方法、教学资源等都没有提及，但是 ChatGPT 依然完成了这份教案，并没有因为笔者给的信息不全，而让笔者进一步补充。

这说明 ChatGPT 知道 Python 中的变量是比较基础的知识点，而且其

在编写教案时考虑到了这一点，在教案的延伸阅读里推荐的是 Python 入门教程。

在上面教案的课堂活动安排中，ChatGPT 并没有提供具体内容，你可以让 ChatGPT 把这一部分补充完整，如下所示。

我：上面你写的教案中有一条是“讲解变量的定义和作用”，把它详细说明一下。

ChatGPT：当然！以下是关于变量定义和作用部分的详细教学内容：

变量的定义

1. 概念讲解

- 变量的类比：可以先通过一个简单的类比来引入变量的概念，例如把变量比作一个盒子，这个盒子可以存放不同的东西（值），我们可以随时检查盒子里有什么，也可以随时改变盒子里的内容。

- 变量的定义：在编程中，变量就是用来存储数据的。变量可以存储不同类型的数据，例如数字、文字等。

2. 变量的类型

- 在 Python 中，变量的类型是自动确定的，比如整数、浮点数、字符串等。

- 可以通过简单的例子说明不同类型的变量。

变量的作用

1. 存储数据

- 变量可以存储计算机程序中使用的数据，使得数据可以在程序中被重复使用。

- 举例：如果你想存储一个人的年龄，你可以创建一个名为“age”的变量来存储这个信息。

2. 提高代码可读性

- 通过使用有意义的变量名，可以让代码更容易理解。

- 举例：使用“student_name”来存储学生的名字，而不是简单地使用“x”或“y”。

3. 代码重用

- 变量允许我们编写灵活的代码，可以轻松地对不同的数据执行相同的操作。

- 举例：编写一个计算体积的函数，通过改变变量的值，可以计算不同形状和大小的体积。

实例演示

- 声明变量：

```
name = "John"
age = 10
```

- 使用变量：

```
print(" My name is " + name + " and I am " + str(age) + " years old.")
```

学生互动

- 可以让学生尝试创建和使用自己的变量，鼓励他们使用不同类型的数据。

总结

- 变量在编程中起着关键的作用，帮助我们存储和操作数据。

- 通过使用有意义的变量名和合适的数据类型，我们可以编写出清晰、有效的代码。

这个部分可以根据学生的年龄和编程背景进行适当地调整，确保内容既不过于复杂，也不过于简单。

ChatGPT 对变量的讲解不仅详细而且生动有趣。为了让学生易于理解，其将变量比作盒子，而且在讲解过程中还包括现场编程演示，这会大大加深学生对变量的印象。

如果你想要一份结构完整且内容详尽的教案，就可以在 ChatGPT 给出最初版的教案之后，把笼统的地方告诉 ChatGPT，让其把这一部分再详细地展开说明，最后将这些内容整合到一份教案中，这样就可以得到最终版本的教案。

5.3 有问题，找机器人老师

世界上没有任何一名教师是不知疲惫的，更没有任何一名教师是什么都懂的，但是 ChatGPT 作为当前先进的人工智能，它可以做到这些！

只要有网络、有电，不论什么时候什么地点你在遇到问题时都可以求助 ChatGPT，让它来帮你。

ChatGPT 就是一个永远不会疲惫，耐心永远不会消失，懂得的知识十分全面的一名机器人老师。

比如，当你做数学题做到很晚时，遇到了一道不会解的题，此时你不可能打电话求教自己的数学老师，但是你可以把这道题输入对话框中发送给 ChatGPT，它不仅可以给你答案还可以对题进行非常详细的讲解，如下所示。

我：现在我把一道题告诉你，你帮我解答出来并进行讲解：蒋师傅是卖

牛肉的，一斤牛肉进价48元。现市场价大甩卖36元一斤。顾客买了两公斤，给了蒋师傅200元假钱，蒋师傅没零钱，于是找邻居换了200元。事后邻居存钱过程中发现钱是假的，被银行没收了，蒋师傅又赔了邻居200，请问蒋师傅一共亏了多少元?

ChatGPT：这道题目描述了一个经典的欺诈案例，我们可以分步骤来理解蒋师傅的损失情况。

1. 牛肉成本：顾客买了两公斤牛肉，进价48元一斤，所以总成本是192元。

2. 牛肉销售价格：顾客买牛肉的价格是36元一斤，总价是36 * 2 * 2 = 144元。

3. 找零钱给顾客：顾客给了蒋师傅200元假钱，所以蒋师傅需要找零200 - 144 = 56元给顾客。

4. 从邻居那拿了200元：这200元真钱后来用来赔偿了邻居，所以这部分不应计入损失。

5. 赔偿邻居的200元：这部分已经在第4步中考虑了，所以不需要再次计入损失。

综合以上因素，蒋师傅的总损失是：

192元（牛肉成本）+ 56元（找零给顾客）= 248元

所以蒋师傅一共亏了248元。

ChatGPT对笔者所问的数学题分析得很详细，如果在看完分析之后还有哪里不太明白则可以继续问ChatGPT，直到自己明白为止。

不只是数学，当你遇到其他问题时也可以向ChatGPT寻求答案，比如当你想了解二进制和十进制之间如何转换，就可以问机器人老师——ChatGPT来获知答案，如下所示。

我：二进制的运作机制是什么，二进制和十进制之间的转换该如何做，讲解过程中要举例说明。

ChatGPT：二进制是一种计数系统，其中只包含两个数字，0 和 1。它是计算机内部最基本的数据表示方式，因为计算机使用开关电路（通常表示为 0 和 1）来执行计算操作。让我们来了解二进制的运作机制以及如何在二进制和十进制之间进行转换。

二进制的运作机制：在二进制系统中，每个数字位（bit）只能是 0 或 1。这些位按权值递增，通常从右往左排列，依次为 1、2、4、8、16……。例如，1101 二进制表示的是：1 * 2^3 + 1 * 2^2 + 0 * 2^1 + 1 * 2^0，即 13。

二进制和十进制之间的转换

1. 十进制转二进制：将一个十进制数转换为二进制数，可以使用“除 2 取余法”。将十进制数连续除以 2，记录每次的余数，直到商为 0。然后按相反的顺序排列这些余数，即可得到二进制表示。

举例：将十进制数 27 转换为二进制数。

27 / 2 = 13 余 1

13 / 2 = 6 余 1

6 / 2 = 3 余 0

3 / 2 = 1 余 1

1 / 2 = 0 余 1

反向排列余数：11011，所以 27 的二进制表示为 11011。

2. 二进制转十进制：将一个二进制数转换为十进制数，可以使用权值展开法。将二进制数从右往左分别与 2 的幂相乘，并将结果相加。

举例：将二进制数 10110 转换为十进制数。

1 * 2^4 + 0 * 2^3 + 1 * 2^2 + 1 * 2^1 + 0 * 2^0 = 16 + 0 +

4 + 2 + 0 = 22

所以 10110 的十进制表示为 22。

这些是基本的方法，但在计算机中，实际上有更高效的算法来执行这些转换。

二进制在计算机领域中的重要性在于它直接映射到硬件的电信号，这使得计算机能够以极快的速度处理和存储信息。无论是处理器内部的运算数据，还是存储器中的数据表示，都是以二进制的形式存在的。

在看完 ChatGPT 对二进制的运作机制，以及二进制和十进制之间的转换的讲解之后，你就能明白它们之间的关系。

ChatGPT 对于各个领域的知识都有比较全面的了解，在遇到问题时，如果直接在网上搜索答案，往往会有两种结果，一种是找不到答案，另外一种是答案太多太杂或者太片面，很难找到自己想要的答案。

当人们询问 ChatGPT 时，ChatGPT 并不是简单地把数据库中的信息直接展现出来。它有自己的逻辑算法，会把答案进行整合、删减、排列，最后提供一份逻辑清晰、语言通顺、易于理解的答案。

当学习的时候，遇到了有关物理的问题，比如你想知道引力波是什么，这时你可以让 ChatGPT 告诉你答案是什么，如下所示。

我：用通俗易懂的语言告诉我什么是引力波，发现引力波为什么可以得到诺贝尔物理学奖。

ChatGPT：引力波就像宇宙中的“涟漪”效应。试想一下，当你在水池里扔一块石头，水面上会产生波纹。引力波就是由天体剧烈运动，比如黑洞合并或中子星碰撞所引发的太空中的波纹。但是，与水波不同，引力波在穿越太空时会让时间和空间都略微弯曲。

让我们进一步解释。

1. 引力波是什么：当某些重大天体事件（例如两个黑洞的合并）发生时，宇宙中会产生引力波。这些波可以穿越整个宇宙，并沿途轻微地扭曲空间和时间。

2. 为何引力波重要：引力波提供了观察宇宙的全新方式。通过引力波，科学家可以更好地了解黑洞、中子星等天体的性质和行为，甚至还能探测到其他方法难以观测到的天体事件。

3. 如何发现引力波：人们长期以来都预测存在引力波，但因为它们非常微弱，所以非常难以检测。2015 年，激光干涉引力波观测台（LIGO）首次直接检测到了引力波，标志着人类新时代的天文观测开始。

4. 为何能获得诺贝尔奖：2017 年的诺贝尔物理学奖颁给了三位引力波的先驱科学家，因为他们的发现开辟了天体物理学的新领域，并验证了爱因斯坦广义相对论的重要预测。这一发现不仅推动了人们对宇宙的理解，还有助于技术和科学的进步。

简而言之，引力波就像天体活动在太空中产生的回声。它揭示了宇宙的秘密，并帮助科学家以全新的方式理解和观察宇宙。

ChatGPT 的回答中可能会含有你并不理解或者感兴趣的内容，这时你可以让 ChatGPT 把这部分进行详细的解释。因为在同一个对话中，ChatGPT 可以联系上下文，所以当你问其之前的对话内容时，它并不会表示无法理解，而会主动联系上下文从而给出答案。

比如，在上面的对话中你对其提到的时间扭曲感兴趣，这时就可以继续向 ChatGPT 询问，如下所示。

我：扭曲时间是不是可以穿梭时空。

ChatGPT：扭曲时间和空间是爱因斯坦广义相对论中的概念，确实可以让时间和空间以非直观的方式弯曲和形变。然而，这并不意味着我们可以用它来穿梭时空。

1. 时间扭曲的现象：在强引力场（如黑洞附近）的影响下，时间确实会以不同的速度流逝。离引力源越近的地方，时间流逝得越慢。这种效应已经在一些精确实验中得到了验证，但它的影响非常微小。

2. 时空穿梭的科幻设想：虽然理论物理学中存在一些时空穿梭的解，例如“虫洞”，但这些都是高度理论和数学化的概念。目前的科学技术还不能创建或控制这样的结构，更不用说用它们来进行时空穿梭了。

3. 引力波与时空穿梭：引力波本身是空间的扭曲，传递着天体剧烈运动的信息。虽然它们确实反映了时空的扭曲，但并没有提供一种穿越时空的方法。

所以，虽然扭曲时间是一个非常有趣的物理现象，并且在理论物理中有时空穿梭的可能性，但在现实世界中，我们还远远没有达到可以利用这些现象进行时空穿梭的地步。这些概念在科学幻想小说和电影中可能非常受欢迎，但在当前的科学和技术水平下，它们仍然是纯粹的理论和想象。

ChatGPT 用往水池中投石子产生的涟漪来比喻引力波，通过用现实中常见的现象做比喻，这比专业化的术语要好理解得多。

当你对 ChatGPT 回答里的某个词语感兴趣或者感到不理解时，你可以不断地追问，让 ChatGPT 解答，直到你所有的疑问都消失为止。在这个过程中 ChatGPT 会一直保持着耐心，永远不会“发火”。

对于某个问题的答案，如果你没有理解，它还可以换多种回答问题的方式，直到你理解为止，如下所示。

我：ChatGPT 是由哪家公司研发的？

ChatGPT：ChatGPT 是由 OpenAI 研发的。OpenAI 是一家致力于人工智能研究和开发的组织，特别关注人工智能的安全和伦理问题。自从推出第一代 GPT 模型以来，OpenAI 已经发布了多个版本的 GPT 模型，其中包括广泛应用的 GPT-2、GPT-3 等。这些模型在自然语言处理和理解方面展现了卓越的能力，并已经在许多商业和科研应用中得到广泛使用。

我：OpenAI 的老板是谁？

ChatGPT：OpenAI 是一家非营利性人工智能研究实验室，因此并没有传统意义上的“老板”。该组织成立于 2015 年，由一组科学家、工程师和其他专家共同创立。

OpenAI 的领导团队和支持者包括许多知名的科学家和技术人员，同时受到了一些著名投资者和科技公司的支持。其使命是确保人工智能的利益广泛造福全人类，并在推动人工智能领域的研究和政策方面发挥领导作用。

至于具体的管理和决策结构，OpenAI 可能有一套复杂的治理机制，涉及执行团队、董事会、顾问委员会等，以确保组织的目标和价值观得到贯彻执行。

我：它的价值观是什么？

ChatGPT：OpenAI 的价值观和使命集中在确保人工智能技术的安全发展，并致力于确保人工智能的利益广泛造福全人类。以下是 OpenAI 的一些核心价值观和原则：

1. 广泛的利益：OpenAI 致力于确保人工智能造福全人类，而不仅仅是少数利益集团。这意味着避免任何可能使 AI 的权力集中在有限人手中的情况。

2. 长期安全：OpenAI 强调 AI 的长期安全研究，并致力于使整个 AI 社区认识到长期安全的重要性。

3. 技术领导力：OpenAI 力求在技术上处于领先地位，以有效地扩大 AI 对社会的影响。

4. 合作取向：OpenAI 与其他研究和政策机构积极合作，创建了一个全球社区，共同解决全球性的人工智能挑战。他们还承诺为公众利益提供公共的研究成果。

5. 透明度和开放：虽然 OpenAI 强调与全球研究社区的合作和分享，但他们也认识到，随着技术的发展，安全和对安全关注的增加可能限制了某些研究的完全开放。

6. 考虑全球影响：OpenAI 不仅关注短期的问题，而且努力预测和缓解 AI 技术的长期和全球影响。

7. 伦理和责任：OpenAI 强调伦理和社会责任，在开发和部署 AI 技术时始终考虑到可能的社会、文化和人类影响。

OpenAI 的这些价值观和原则旨在确保人工智能技术的发展不仅仅是安全和负责任的，而且是公平和包容的，能够为整个人类社会带来积极影响。

在上面的对话中，可以发现 ChatGPT 非常耐心详尽地解答了每一次的追问。

不管人们追问多少次，不管人们前后问的问题有无关联，ChatGPT 都会耐心地详尽地解答。

5.4 如何用 ChatGPT 免费学英语

不论你是在校学生还是已经步入社会的打工人，相信每个人都想学好英语，学好英语可以让学生在考试升学中拿到更高的分数，学好英语可以让在社会上的打工人有更多的工作机会。

要想学好英语很多人不得不自学，尤其对于已经工作了的人而言，脱离了学校的学习环境，没有了教师的教导，就只能选择自学英语的方式。

很多人自学英语时不知该从哪里入手，对于自己的学习也没有什么规划。有不少人会选择在网上搜索，但是每个人的条件不同，适合的学习规划自然也是不同的。

在网上找到的一些学习规划并不一定适合自己，但是你可以把自己的情况和打算告诉 ChatGPT，让它帮你私人定制一份学习规划，如下所示。

我：我想自学英语，现在我把我的情况告诉你，你可不可以帮我制定一份学习规划。

ChatGPT：当然，我会很高兴帮助你制定一份英语学习计划。请告诉我你的具体情况，比如你现在的英语水平、你想达到的目标、每天可用来学习的时间等。这样我才能为你提供最符合你需求的建议和计划。

从 ChatGPT 的回答中，可以看出它是可以做到帮人们制定英语学习计划的，而且还问到了询问者的具体情况。

接下来只要你将自己的英语水平等发给 ChatGPT，它就可以根据你的情况，制定一份适合你的英语学习规划，如下所示。

我：我考过了英语四级，但是现在已经 3 年没有温习过英语了，相关的知识忘记得差不多了。我现在想重新学习英语，最终达到可以用英语口语完成日常沟通和看懂一些英文杂志的水平。但是，现在我每天上班，只有晚上有时间，帮我制定一个半年完成目标的学习规划。

ChatGPT：当然，根据你的情况和目标，以下是一个为期半年的英语学习规划。因为你以前考过四级，所以你应该还有一些基础，只是需要恢复和加强。

第一月：重建基础

1. 语法和词汇复习

- 每天投入 1 小时复习基础语法和词汇。

- 使用英语四级教材或其他适合你水平的教材。

2. 听力训练

- 每天观看 15—30 分钟的英语初级听力材料，例如新闻、动画或英语学习频道的视频。

第二月和第三月：提高阅读和听力

1. 阅读训练

- 每天阅读 30 分钟英语文章或短篇小说。

- 可以尝试 BBC Learning English、VOA Learning English 等资源。

2. 听力训练

- 继续每天观看 15—30 分钟的英语视频，难度逐渐提高。

第四月和第五月：提高口语和写作

1. 口语练习

- 每天练习口语 15 分钟，可以尝试与语言交换伙伴练习或使用语言交换平台。

2. 写作练习

- 每周写一篇英语短文，重点是描述、叙事和观点表达。

第六月：综合提高

1. 综合应用

- 每天投入 1 小时，将阅读、听力、口语和写作结合起来。

- 可以通过阅读英文杂志、观看英文电影、与母语人士沟通等方式。

2. 检测和调整

- 在最后一个月中，对自己的进展进行评估，并相应调整计划。

建议

- 尽量确保每天的学习计划，即使只有 20 分钟也有助于保持英语思维活跃。

- 可以尝试使用一些语言学习应用，如 Duolingo、Anki 等来辅助学习。

- 考虑加入英语学习小组或社区，与他人一起学习和进步。

希望这个学习计划对你有所帮助，祝你学习顺利！如果有任何问题或需要进一步的指导，请随时联系。

这份计划非常详尽，按照月份将计划分为四部分，每一部分又针对每一周甚至每一天都制定了学习规划。

在制定的计划中第一个月是重建基础，其中有 1 条是“每天投入 1 小时复习基础语法和词汇”，但是并没有更详尽的规划。

你可以让 ChatGPT 把每一天需要复习的基础语法和词汇都列举出来，比如先让其把第一天要复习的基础语法和词汇列举出来，如下所示。

我：上面计划中第一个月每一天要花费一小时复习基础语法和词汇，一共三十天，现在你把我要复习的基础语法和词汇整理好，分成三十份分散到每一天里，你现在把第一天要复习的基础语法和词汇发给我，要配上相应的汉语。

ChatGPT：当然，下面是第一天的复习计划。你可以通过这个计划重建基础的语法和词汇。

第一天复习内容
1. 语法：现在时态
现在进行时：
结构：主语 + am/is/are + 动词 -ing
用法：表示现在正在进行或暂时未完成的动作。
例句：I am studying English.（我正在学英语。）
一般现在时：
结构：主语 + 动词（基本形态或第三人称单数形态）+ 宾语
用法：表示现在的事实、习惯或经常发生的动作。
例句：She studies English every day.（她每天学英语。）
2. 词汇：每日 15 个单词
study（学习）、morning（早晨）、night（晚上）、book（书）、write（写）、read（阅读）、speak（说话）、listen（听）、work（工作）、home（家）、school（学校）、friend（朋友）、family（家庭）、food（食物）、water（水）

通过复习这些基本的语法结构和词汇，你可以开始重建你的英语基础。请确保理解这些内容并尝试使用它们进行口头或书面练习。有任何问题，随时可以问我！

在上面对话中，ChatGPT 把第一天要复习的内容列举了出来，你在自学过程中可以根据自己的进度及时调整自己的学习计划。

学习计划的调整也不用你自己动手，只要将你的学习情况发给 ChatGPT，其将为你调整学习计划。

在第二个月和第三个月的学习计划中，ChatGPT 告诉你每天要花费 30 分钟阅读英文文章或短篇小说，还告诉我可以去哪里找学习资源。

你也可以让 ChatGPT 直接为你找一些英文文章，直接进行阅读，如下所示。

我：在上面的学习计划中第二月和第三月有阅读训练，现在请你给我一篇适合我的英文文章，并且要带上全文翻译。

ChatGPT：当然，以下是一篇适合你水平的英文文章，同时也附上了全文翻译。

英文文章

Title: The Importance of Learning English

English is a language spoken all around the world. It is the primary or secondary language in many countries and serves as a lingua franca in many others. Knowing English can open doors to opportunities in business, travel, and more.

Learning English can be challenging, but it's a rewarding journey. It helps you connect with people from different cultures and backgrounds. In business, English is often the key to international success. Many multinational companies require English proficiency, and it can enhance your career prospects.

Overall, English is more than just a language; it's a tool that can help you succeed in various aspects of life. Whether you're a student, a business professional, or someone who loves to travel, learning English can benefit you in many ways.

全文翻译

标题：学习英语的重要性

英语是一种全球通用的语言。在许多国家，它是主要或次要的语言，并在许多其他地方作为通用语使用。掌握英语可以为商业、旅行等方面开启机会之门。

学习英语可能充满挑战，但这是一段值得的旅程。它帮助你与来自不同文化和背景的人相连。在商业领域，英语通常是国际成功的关键。许多跨国公司要求英语熟练，这可以提升你的职业前景。

总的来说，英语不仅仅是一种语言；它是一种可以帮助你在生活的各个方面取得成功的工具。无论你是学生、商业专业人士，还是热爱旅行的人，学习英语都可以多方面地惠及你。

这篇文章简短介绍了学习英语的重要性，语言相对简单，应适合你的水平。你可以试着自己阅读英文部分，并对照中文翻译来理解。希望这能对你的学习有所帮助！如果有任何不明白的地方，随时可以提问。

ChatGPT 给了一篇适合询问者水平的英语短文，而且按照询问者的要求带上了全文翻译。除了让其带上英文文章的全文翻译外，你还可以让其把其中的重点英文单词单独标注出来。

你可以按照 ChatGPT 定制的学习计划进行学习，当需要什么学习资料时也不用在网上搜索，只需要告诉 ChatGPT，让其帮忙准备，从而高效率地学习英语。

5.5 AI 辅导学生学习指南

ChatGPT 是一个人工智能大语言模型，利用其辅助学生学习会是非常好的一种方式。

如何使用 ChatGPT 辅导学生学习，笔者将详细解释。ChatGPT 不仅可以帮助学生解题，还可以对题目进行解析，并举一反三，如下所示。

我：解析下这道题 Many thanks____your gift.I love it.

A in B. of C.for D.with

ChatGPT：在这个句子中，我们要找到合适的介词来完成句子“Many thanks ______ your gift. I love it.”

让我们来分析一下这四个选项：

A. in - 这个选项在这个句子中不合适，因为“in”通常不用于表示对某事物的感激。

B. of - 这个选项同样不合适，因为“of”通常表示从属关系或组成部分，而不是对某事物的感激。

C. for - 这是正确的选项。使用“for”表示对某事物的感激或感谢。所以完整的句子是“Many thanks for your gift. I love it.”。

D. with - 这个选项也不合适，因为“with”通常表示伴随或使用，而不是感激。

所以，正确答案是选项 C。

我：能不能出两道类似的题。

ChatGPT：当然可以！下面是两道类似的填空题：

题目 1:

Fill in the blank: “She showed great enthusiasm ______ the project. It’s going to be fantastic!”

A. in　　B. of　C. for　D. with

题目 2:

Complete the sentence: “He was awarded a medal ______ his bravery during the rescue mission.”

A. in　　B. of　C. for　D. with

可以试着自己回答这些问题，或者让我解释正确的答案。

在所有学科中，英语是 ChatGPT 比较擅长的一门。从上面的对话中，可以发现其不是简单地只给出一份答案，而是对每一个选项都进行了详细地说明。

在让其给出两道类似的题时，ChatGPT 很快就根据上面的例题给出了两道相似的习题，并且告诉学生可以先自己做，这样对学生所学习的知识有很强的巩固作用。

ChatGPT 不单单可以解析题目，还可以对某个知识点展开讲解，如下所示。

我：你可以解释下 with 这个单词的含义和用法，并举一个例子吗？

ChatGPT：当然，我很乐意解释“with”这个单词的含义和用法。

含义

“with”是一个预置词，有许多不同的用法和含义。它通常用来表示伴随、与……一起、使用、因为、关于等。

用法

1. 伴随、与……一起：描述人或物与其他人或物在一起或相互作用。

例子：“I will go to the store with you.”

2. 工具、方式或方法：表示使用某物或按照某种方式做某事。

例子：“She cut the paper with scissors.”

3. 状态或情感：描述某人的状态或感受。

例子：“He was trembling with fear.”

4. 因为、由于：表示原因或动机。

例子：“With all the rain, the game was canceled.”

5. 对比或冲突：表示对比或不一致。

例子：“I agree with you on that point, but not with your overall conclusion.”

举例

考虑以下句子：“He fixed the car with a wrench.”

在这个句子中，“with”表示工具，意思是他使用一个扳手来修车。

“with”的用法多样丰富，可以根据上下文和句子结构确定具体含义。

ChatGPT 在语文学科上的辅导会稍微弱一些，目前可以胜任写作方面的辅导，它可以模仿不同的写作名家进行写作，在古诗文的上句接下句或者下句接上句这种问题上也没有什么问题。

化学辅导，其也是可以胜任的。其不仅可以对某个知识点进行解析，还可以对知识点的重要性进行评估。

就拿初中化学来举例，假如有一名学生快要中考了，其想知道中考化学里哪些知识点最重要，这时可以让 ChatGPT 列举出来，如下所示。

我：小明过一段时间就要参加河北的中考了，现在想知道中考化学中最常考的 20 个知识点是什么，帮我列举出来。

ChatGPT：当然，下面我会简化并聚焦于中考化学中最常考的 10 个核心知识点。这些知识点通常会在河北的中考化学试题中出现：

1. 物质的分子和原子结构：了解原子、分子、元素和化合物的基本概念。

2. 化学式和化学方程式：熟练掌握化学式的书写和化学方程式的平衡。

3. 酸、碱、盐的性质：包括酸碱的化学反应、酸碱指示剂、盐的分类和性质等。

4. 物质的三态：了解固态、液态、气态的特性以及它们之间的转化关系。

5. 金属与非金属的性质：掌握金属和非金属在化学反应中的行为和性质。

6. 化学能以及能量转化：了解化学反应过程中能量的释放或吸收。

7. 溶解和沉淀：学习溶液、溶剂和溶质的概念，了解常见的溶解和沉淀现象。

8. 化学与日常生活的关系：理解化学在日常生活中的应用，如食品、药物等。

9. 实验操作和安全：掌握基本化学实验操作和实验室安全规范。

10. 化学计量学基础：掌握摩尔概念和化学方程式中的计量关系。

这些知识点涵盖了中考化学的基本内容，为了做好充分准备，小明应该针对这些重点进行复习，并结合教材和练习题加强理解和运用。此外，与化学老师沟通和请教具体问题也是一个很好的学习方法。

我：说一下物质的三态，并出一道中考难度的例题。

ChatGPT：当然！物质的三态是固态、液态和气态。以下是它们的主要特性。

1. 固态：分子间的力量较强，分子间距小，分子振动幅度小，呈固定的形状和体积。

2. 液态：分子间的力量适中，分子间距相对较大，具有一定的流动性，无固定形状，但有固定体积。

3. 气态：分子间的力量较弱，分子间距大，分子自由运动，无固定形状和体积。

以下是一道中考难度的例题。

问题：

某物质在常温下是液态，当温度降低到一定程度时变为固态，当温度升高到一定程度时变为气态。下列说法正确的是：

A. 该物质的分子在液态时相互之间的作用力最强

B. 该物质的分子在气态时振动幅度最小

C. 该物质的分子在固态时间距最小，运动自由度最小

D. 该物质在液态时，分子间距大于气态时的分子间距

答案：

C. 该物质的分子在固态时间距最小，运动自由度最小

解析：

选项C符合固态的特性，即分子间距小，分子间作用力强，运动自由度

最小。其他选项均与三态的特性描述不符。

ChatGPT与人们对话时会联系上文，并不是只考虑当前问的问题，所以人们利用ChatGPT辅导学生学习的话，可以每一科目分别建立一个对话框。

在九大学科中，历史、地理和政治等文科科目，是ChatGPT擅长的科目。

目前ChatGPT对数学这一学科还不擅长，主要原因在于人们和ChatGPT交互时，使用的是文字，而只用文字描述函数是非常困难的，更别说描述几何了。

除了可以辅导学生的九科文化课，ChatGPT还可以辅导学生的一些课外课程，尤其对于还没上学的孩子，有很好的辅导效果。

小孩子经常会问一些天马行空的问题，但是家长有时却不知如何回答才能让孩子听懂，这时家长就可以让ChatGPT想个好办法，如下所示。

我：家里五岁的女儿问我为什么在洗碗时使用洗洁精就可以洗掉油污，我该怎么回答才能让她听懂，有没有一种可以在家里完成的实验来说明这个问题。

ChatGPT：当然，解释洗洁精如何清除油污的原理可以通过一些简单的话语和实验。下面是一种可能的解释和一个简单的实验，你可以尝试给你的女儿展示。

解释：你可以告诉她："你知道油和水不喜欢在一起吗？如果你试着把油倒进水里，你会发现它们不会混合在一起。洗洁精可以成为油和水之间的一个朋友，帮助它们和平相处。所以当我们在洗碗时加一些洗洁精，油就会跟着洗洁精和水一起流走了。"

实验：

1. 准备材料：水、食用油、洗洁精、一个透明的容器或玻璃杯。

2. 加水和油：首先在容器中倒入水，然后再加入一些食用油。你会看到油漂浮在水的表面，它们不混合。

3. 观察：让你的女儿观察油和水是如何分开的。

4. 加洗洁精：在水油混合物中加入几滴洗洁精。

5. 搅拌：用勺子搅拌混合物。你会看到油被打散，与水混合在一起。

6. 解释：你可以解释说，洗洁精有一种特殊的成分，它的一部分喜欢水，另一部分喜欢油。所以当我们搅拌的时候，洗洁精帮助油和水混合在一起。这样，油就可以被水冲走了，这也是我们在洗碗时用洗洁精的原因。

这个实验既简单又有趣，可以直观地展示洗洁精如何帮助去除油污。它可以让你的女儿更好地理解这个日常生活中的现象。

在上面的回答中，ChatGPT 把洗洁精比作水和油共同的朋友，这样的解释可以让 5 岁的小孩子听懂。ChatGPT 还提供了一个可以在家里完成的小实验，这样的小实验有助于提高孩子的求知欲，对孩子的成长有不小的好处。

学习光有学习过程还不够，还需要有学习反馈。有了学习反馈，家长才可以更好地把控学生的学习进度，从而安排更好的学习计划。ChatGPT 可以对学生的学习进行反馈。

上文提到的辅导孩子作业，就是一种反馈方式。但除了对作业进行反馈外，当孩子听到某种新的观点，而家长不知道该给出孩子怎样的反馈时，可以问问 ChatGPT，让它给一些建议，如下所示。

我：学校的老师告诉孩子，学习就是为了考高分，只有考了高分才能考上好高中、好大学，这样毕业后才能找到好工作，不然只能去工地搬砖或者

干一些最苦最累的工作。我知道考高分很重要，但是好好学习并不是只为了考高分，我不知道该怎么跟孩子说，你能从批判性、辩证性的角度给我一些建议吗?

ChatGPT：当然，从批判性和辩证性的角度来看，教育不应仅仅局限于考试和分数。以下是一些可以和孩子分享的观点，以帮助孩子理解学习更深层次的价值。

1. 学习与兴趣的结合：与孩子探讨学习与兴趣和热情的关系。好奇心和探索精神是人类进步的动力之一，不是所有有价值的学习都可以通过考试来衡量。鼓励孩子追求自己的兴趣，而不是仅仅追求高分。

2. 多元智能理论：可以介绍霍华德·加德纳的多元智能理论，强调人们有许多不同类型的智能，例如数学、音乐、人际交往等，这些不一定能够通过传统的考试来完全评估。人的价值不应该仅仅通过学术成绩来定义。

3. 生活中的实际应用：解释学习并不仅仅是为了考试，而是为了解决现实生活中的问题。强调批判性思维、沟通、团队合作等软技能的重要性，并解释这些技能如何在职业生涯中发挥作用。

4. 全人教育的价值：强调学习也包括道德、情感、社交等方面的成长。解释人们应追求全面发展，包括艺术、体育、社交等方面，而不仅仅是学术成就。

5. 反思“成功”的定义：和孩子一起反思社会对“成功”的定义。讨论是否只有上好的高中和大学，以及找到所谓的“好工作”才算成功。探讨不同的职业和人生道路，以及如何找到对个人有意义的成功定义。

6. 教育与社会的关系：可以进一步和适合年龄的孩子讨论教育制度和社会期望的关系，批判性地思考教育制度的局限性，以及如何在这一框架内寻找个人的道路。

7. 父母的支持和理解：告诉孩子你对她的支持并不仅限于考试分数。强调你更关心她的幸福、健康、兴趣和价值观的发展。

通过以上的对话和讨论，你可以帮助孩子更全面、深入地理解学习的价值，鼓励她追求个人的兴趣和目标，而不仅仅是追求高分。这也可以促进孩子的批判性思维和独立思考能力的培养。

有了 ChatGPT 给出的建议，家长就知道如何正确地给孩子反馈了，让孩子知道学习并不是只为了分数。

当家长不知道如何给孩子的学习进行反馈的时候，也可以求助 ChatGPT，这对众多没有能力教导自家孩子学习的家长来说无疑有着巨大的帮助。而这也是人工智能 AI 所存在的意义之一。

在 ChatGPT 的帮助下，那句广为流传的“爸爸妈妈再也不用担心我的学习”或许就会变为现实。

5.6 比科研大佬还会写论文？看科研小白如何逆袭

ChatGPT 的功能很强大，我们可以利用它撰写论文。要让它提供高质量的内容，我们需要掌握正确提问的方法。

那如何正确提问呢？可以遵循以下六个步骤。

第一步：引出概念。当我们想写一篇关于某个主题的论文时，可以先问问 ChatGPT 知不知道这个主题，这样可以为之后的对话确立话题中心，我们以写一篇有关社会中的“内卷”和“躺平”的论文做示例，第一步如下所示。

我：你知道中国的“内卷”和“躺平”这两种现象吗？

ChatGPT：当然，我了解中国的“内卷”（nèi juǎn）和“躺平”（tǎng píng）这两种现象。

1. 内卷：这个词最初来自农业经济学，意指土地经营中的无效竞争。后来，它被引申为在教育、工作等领域的极端竞争现象。每个人都在努力超越对方，而这种竞争的结果往往不是生产力的提高，而是大量的无效努力，导致每个人的生活和工作压力增加。内卷现象反映了社会中资源分配的不均等和竞争压力的增加。

2. 躺平：与内卷形成对比，躺平指的是拒绝加入激烈的竞争，选择更加舒适、不努力的生活方式。这种态度是对过度竞争和社会压力的反应，部分年轻人选择躺平以避免内卷现象带来的消耗和疲惫。这也可以视为对当前社会制度和价值观的一种反思和批判。

这两个现象在一定程度上反映了一些社会深层次的问题，如教育和职场竞争压力、社会资源分配不均等。它们引起了社会学家、经济学家和政府的关注，并激起了对社会改革和人们价值观的讨论。

当我们问 ChatGPT 知不知道“内卷”和“躺平”这两种现象时，其回答知道并进行了详细说明，这就说明第一步成功了。

当然如果 ChatGPT 的回答模糊不清，甚至回答不知道，这时我们可以找几篇相关文章发给它，让它对这几篇文章进行总结。

第二步：定位对应概念。写论文使用的是学术性的语言，而不能是日常生活中的语言，我们要研究的“内卷”和“躺平”已经有了相对应的学术概念，只要我们定位到对应的学术概念，即可连接到已有的学术研究。

那如何定位对应的学术概念呢，如下所示。

我：关于“内卷”和“躺平”，教育学中会用什么概念进行研究呢?

ChatGPT：在教育学中，研究“内卷”和“躺平”现象可能会涉及以下几个核心概念。

1. 竞争与合作教育：“内卷”现象通常与教育体系中的竞争文化有关，这可能促使研究者审视竞争与合作之间的平衡，以及如何通过教育改革促进更为合作和包容的学习环境。

2. 动机与激励理论：“躺平”现象可能涉及学生和年轻人的动机降低问题。通过研究不同的激励机制和理解动机背后的心理因素，教育学家可能会寻找促进学生积极参与和积极学习的方法。

3. 教育公平与社会不平等：“内卷”现象可能揭示了教育资源分配的不平等，因此研究者可能会关注教育公平和如何通过政策干预来减轻社会不平等的问题。

4. 心理健康与压力管理：由于“内卷”和“躺平”现象与压力和心理健康紧密相关，教育学中的心理健康研究可能会关注如何通过教育干预来减轻学生的压力，促进他们的心理和情感健康。

5. 职业教育与生涯规划：“躺平”现象可能与年轻人对未来职业道路和生涯规划的迷茫和无奈有关。研究职业教育和生涯指导可能有助于解决这一问题，帮助学生找到适合自己的职业道路，减轻不必要的竞争压力。

6. 价值观和人生目标教育：“躺平”现象还可能引发对年轻一代价值观和人生目标的反思。教育学家可能会研究如何在教育体系中传递更加多元化和人性化的价值观，帮助学生树立合理的人生观和价值观。

总体来说，“内卷”和“躺平”现象涉及许多教育学的复杂问题，可能需要多学科、多角度的综合研究才能全面理解和解决。

我们问ChatGPT“内卷”和“躺平”可以用什么概念进行研究的时候，它给了很多概念上的参考，比如竞争与合作教育、动机与激励理论、教育公平与社会不平等。

这些概念确实与我们要研究的“内卷”和“躺平”有着深刻的联系，我们可以从这些概念出发研究“内卷”和“躺平”。当我们把要研究的主题概念化后就可以进行第三步了。

第三步：定位学术资源。写一篇论文离不开优质的学术资源，我们在第二步中知道了不少学术概念，在第三步我们就可以让ChatGPT根据我们想使用的学术概念查找对应的优质学术资源，如下所示。

我：竞争与合作教育包括哪些，请推荐三篇引用率较高的英文文献并介绍。

ChatGPT：竞争与合作教育是教育中重要的两个方面，它们影响学生的学习动机、参与度、社交技能和未来职业成功等。以下是三篇关于竞争与合作教育的引用率较高的英文文献，并附带了简要介绍。

1.Johnson, D. W., & Johnson, R. T. (1989). Cooperation and Competition: Theory and Research. Interaction Book Company.

这本书是合作学习领域的经典之作，由合作学习的先驱David W. Johnson和Roger T. Johnson所著。作者从理论和研究的角度深入探讨了合作和竞争在教育中的作用，说明了在适当的情境下，合作和竞争都可以提高学习效果和社交技能。该书提供了许多实际教学策略，以协助教育者在教室中实现合作与竞争的平衡。

2.Deutsch, M. (1949). A Theory of Cooperation and Competition. Human Relations, 2(2), 129-152.

Morton Deutsch 的这篇文章是合作与竞争理论的奠基之作，他探讨了合作与竞争背后的心理动机和社交结构。文章介绍了当人们的目标互相依赖时，会促进合作；而当目标互相排斥时，则会引发竞争。这一理论不仅影响了教育学，还深刻影响了社会心理学和组织行为学等领域。

3.Slavin, R. E. (1995). Cooperative Learning: Theory, Research, and Practice (2nd ed.). Allyn & Bacon.

Robert E. Slavin 的这本书是合作学习领域的另一部经典作品，详细解释了合作学习的理论基础、教学策略和研究证据。他强调了合作学习对于提高学生的学术成就、促进人际关系和培养社交技能的重要性。此外，他还讨论了合作学习如何与竞争和个体学习相结合，以适应不同的学习目标和学生需求。

这三篇文献共同涵盖了合作与竞争教育的理论基础、教学策略和研究证据，为教育者和研究者提供了深入的洞见和指导。

正如上面定位竞争与合作教育这个概念所对应的学术资源一样，我们接着把其他的学术概念对应的学术资源找出来即可。

其实定位学术资源的过程，不只是我们学习这些优质文献的过程，也是ChatGPT 进行学习的过程，这样可以防止之后它的回复是空话和套话。

除了询问它引用率高的文献之外，我们也可以让它找出综述文献、特定期刊等，最后还要让它把这些文献进行总结，总结完成之后我们就可以进行第四步了。

第四步：多重对比。ChatGPT 的特长就是知识连接，我们可以让它进行跨学科、跨地域、跨时间、跨概念之间对比，这样就可以发挥它的特长从而给我们带来更多新的启发。如下所示。

我：“动机与激励理论”和“教育公平与社会不平等”，请对两者进行比较，列三个方面。

ChatGPT：当然，以下是关于“动机与激励理论”和“教育公平与社会不平等”两个学术概念的三个比较方面：

1. 研究焦点

- 动机与激励理论：主要关注个人和团体的动机。这个领域试图理解人们如何被激励去执行任务，以及哪些因素可以增强或削弱这种动机。研究可以涵盖教育、职业、健康等多个领域。

- 教育公平与社会不平等：这个领域更广泛地关注社会结构和教育体系如何影响不同社会群体的机会。它探讨教育如何成为社会不平等的反映和加强，以及如何实现教育的公平。

2. 理论框架和方法

- 动机与激励理论：研究方法多样化，包括实验设计、实证研究和理论分析等。常涉及心理学、组织行为学等领域，关注个人心理层面的因素。

- 教育公平与社会不平等：研究方法更倾向于社会学分析、历史回顾、大规模数据集分析等。它通常在社会、文化和经济的宏观层面上进行分析，关注社会结构对教育的影响。

3. 应用和影响

- 动机与激励理论：这一领域的研究可广泛应用于教育、企业、健康等许多领域。通过理解和增强动机，可以提高教学效率、工作绩效等。

- 教育公平与社会不平等：研究结果主要对教育政策、社会福利和法规产生影响。它揭示了教育不平等的根源，并可能促使政策制定者采取措施以减少教育和社会不平等。

总体而言，“动机与激励理论”更侧重于理解个体和团体的内在和外在动机因素，而“教育公平与社会不平等”更关注教育体系与更广泛的社会结构之间的相互作用。前者在心理和行为层面进行深入分析，后者则更关注社会和结构层面。两者虽有交集但侧重点不同，为人们理解人类行为和社会现象提供了丰富的视角。

上面进行的对比是概念对比，我们还可以进行时间对比，比如关于某个概念十年前和现在有什么不同，也可以进行地域之间的对比，比如不同国家之间的对比。

在不同的方面进行对比之后，我们就可以进入第五步了。

第五步：启示分析。通过上面的对比，找到感兴趣的点进一步分析，从而给出理论或者现实启示，如下所示。

我：中国对“内卷”和“躺平”现象的研究，能够给英文文献里面关于“动机与激励理论”和“教育公平与社会不平等”提供什么新的研究方向。

ChatGPT：中国的“内卷”（“involution”）和“躺平”（“lying flat”）现象揭示了一些社会和文化特定的情境，可以为“动机与激励理论”和“教育公平与社会不平等”的研究提供新的研究方向。

1. 为动机与激励理论提供的新研究方向

- 文化特定的动机理解：通过研究“内卷”现象，可以深入探讨在高竞争和高压力环境下，人们是如何被推动的。这有助于理解文化如何塑造动机和激励，从而在不同文化背景下构建更有效的激励机制。

- 不积极反应的分析：“躺平”现象反映了一些人对过度竞争和压力的回应，即选择不参与或减少努力。这一独特反应提供了对动机和激励失败情况的有趣研究视角，揭示了激励机制可能出现的弊端和限制。

2. 为教育公平与社会不平等提供的新研究方向

- 教育竞争与社会结构："内卷"现象常见于教育体系，反映了教育竞争与社会结构之间的紧密联系。这为研究教育如何反映并强化社会不平等提供了新的观察窗口。

- 对社会不平等的抵抗与应对："躺平"可以被解读为对现有社会不平等的一种抵抗和应对方式。通过研究这一现象，可以深入了解人们是如何感知和反映社会不平等的，以及社会和文化因素如何塑造这些反应。

总的来说，中国的"内卷"和"躺平"现象提供了一个具体的社会和文化背景，以探索动机、激励、教育公平和社会不平等的复杂交织。这些现象突显了个体与社会、文化与制度之间的复杂相互作用，为英文文献中的相关研究领域提供了新的研究方向和丰富的实证材料。

在完成了前面的五步之后，ChatGPT 已经学习了很多的文献，已经有了很多的对比和启示，这时候我们就可以进行第六步了。

第六步：写论文初稿。写论文首先要有一个合适的标题，标题最好既有逻辑又出其不意，我们可以让 ChatGPT 写出几个标题，我们从中选出一个合适的，如下所示。

我：我打算研究中国的"内卷"和"躺平"现象，你可以根据上面的聊天内容，帮我生成五篇论文的标题吗?

ChatGPT：当然，以下是根据我们讨论的内容，针对中国的"内卷"和"躺平"现象生成的五篇论文标题。

1. "逆流而上或躺平选择？中国年轻一代的动机与激励分析"

- 探讨"内卷"和"躺平"现象下中国年轻人的动机和激励机制。

2.“教育内卷：中国教育体系中的竞争现象及其对社会不平等的影响”

- 分析中国教育体系内的“内卷”现象，以及其如何反映和加剧社会不平等。

3.“躺平运动：对中国社会不平等的一种文化回应分析”

- 从文化角度研究“躺平”作为一种对社会不平等感知和回应的现象。

4.“内卷与躺平：中国工作环境中的竞争压力与激励失败研究”

- 着重分析工作环境中的竞争压力如何导致“内卷”，以及激励机制失败如何促使一些人选择“躺平”。

5.“从内卷到躺平：中国社会转型时期的激励机制与教育公平问题”

- 综合分析“内卷”与“躺平”现象，探讨社会转型时期激励机制的演变，以及与教育公平之间的相互关系。

这些标题可以作为研究中国特定现象的起点，每个都可以进一步细分和深入探讨相应主题的不同方面。

用 ChatGPT 写论文时不要着急，要像前面一样一步一步地进行。

ChatGPT 已经帮我们想了五个标题，我们选择第五个标题“从内卷到躺平：中国社会转型时期的激励机制与教育公平问题”。

这个标题主题明确，而且和中国社会转型结合在一起，对我们有着新的启示，可以说既有逻辑又出其不意。

选好论文标题之后，不要着急写论文，先告诉 ChatGPT 我们选择了哪一个标题，然后让 ChatGPT 帮我们写出一份论文大纲，如下所示。

我：“从内卷到躺平：中国社会转型时期的激励机制与教育公平问题”这是我的论文标题，请帮我生成一份论文大纲。

ChatGPT：当然，以下是针对标题“从内卷到躺平：中国社会转型时期的激励机制与教育公平问题”的论文大纲。

1. 引言
   A. 背景介绍
      - 中国社会转型的特点
      - “内卷”与“躺平”现象的出现
   B. 研究目的
      - 探讨激励机制与教育公平
      - 分析“内卷”与“躺平”之间的联系
   C. 研究问题与假设
      - 主要研究问题定义
      - 研究假设
   D. 方法论概述
      - 数据来源
      - 分析方法
2. 文献综述
   A. 动机与激励理论
   B. 教育公平与社会不平等
   C. 中国的“内卷”与“躺平”研究现状
3. 激励机制的演变
   A. 中国社会转型背景下的激励机制
   B. “内卷”现象的形成与演变
   C. 激励机制的失败与“躺平”现象
4. 教育公平问题
   A. 教育体系的结构与不平等
   B. “内卷”在教育体系中的体现
   C. 教育政策与公平问题

5.“内卷”与“躺平”的社会影响

A. 对个体的影响

B. 对社会结构的影响

C. 对未来发展的影响

6. 案例分析

A. 具体地区或群体的“内卷”现象分析

B.“躺平”现象的实证分析

7. 结论

A. 主要发现总结

B. 理论与实际意义

C. 研究局限与未来研究方向

8. 参考文献

该大纲为您的论文提供了一个结构框架，涵盖了与“内卷”和“躺平”现象相关的主要方面。您可以根据需要继续细化每个部分，增加更多的细节和子话题。

在定好大纲之后，不要让 ChatGPT 一次性地把整篇论文写出来，因为文字太多，ChatGPT 无法一次性写完。

我们可以根据上面的论文大纲，让 ChatGPT 分部分地写出相应内容，可以让其先写出引言部分，接着让其写出文献综述部分，而且每一部分我们都要有字数限制。

需要注意的是，对于 ChatGPT 所用的文献，我们要检查其真伪性，因为 ChatGPT 可能会“无中生有”，如果是假的文献则需要换成真的文献。

ChatGPT 的工作原理是数据采集整合，如果你发现它用的文献是假的，只要用这个假的文献名在谷歌上搜索就会出现可用的类似的真文献。

5.7 本章小结

本章深入探讨了 ChatGPT 在教育领域的多个方面的应用潜力。

首先，本章强调了 ChatGPT 作为 AI 助教在课程准备和授课方面的作用。通过自然语言处理和机器学习算法，ChatGPT 能够快速生成具有专业水平的教案，从而减轻教师的工作负担。这可以大大提高教师的教学效率，从而让教师有更多时间和精力去关注学生。

其次，ChatGPT 的多语言支持也为外语学习提供了方便。这个功能突破了传统学习方法的局限性，尤其在英语学习方面具有巨大帮助。更重要的是，它可以让我们免费地学习英语，降低了学习成本，可以使更多人接触到高质量的语言教育资源。

再次，ChatGPT 还能辅导学生学习各种科目，不仅限于语言学习，还包括化学、地理、历史等学科。通过其高级的数据分析和模式识别功能，这一工具能够识别学生的学习难点，并针对这些难点提供个性化的解决方案。这种方式能够极大地提高学生的学习效率和成绩，尤其对于没有太多时间或者没有足够能力辅导孩子学习的家长来说有着非常大的帮助。

最后，本章还探讨了 ChatGPT 在科研领域的应用。借助 ChatGPT 的高级文本生成能力，人们可以容易地构建和组织论文结构和内容，从而写出高质量论文。

然而，需要格外注意的是，尽管 ChatGPT 具有巨大潜力，但仍不能完全替代人类教师和研究人员的专业判断和人文关怀。因此，在未来的应用中，最理想的情况应该是 ChatGPT 能与人类教师和科研人员紧密合作，共同为人类的知识和技能发展做出贡献。

总而言之，ChatGPT 作为一种先进的 AI 助教工具，在教育和科研领域具有广泛的应用前景。其灵活性、可访问性以及高度个性化的服务使其成为推动现代教育和科研发展的有力工具。

第6章

驾驭 ChatGPT 拍摄短视频，做网络红人

6.1 用 ChatGPT 拍摄高质量纪录片

纪录片是一种集故事叙述、信息传递和视觉艺术于一体的独特艺术形式。想要制作出一部优秀的纪录片绝非易事，需要大量的研究、策划和创意。

一部优秀的纪录片绝不是简单地拿着摄影设备拍摄，在拍摄前要有一份优秀的策划，这是成功的前提。

ChatGPT 作为有着强大的文本处理能力的“虚拟助手”，可以为纪录片创作者提供强大的支援。

从概念构思到脚本撰写，再到后期编辑，ChatGPT 通过强大的分析和创造能力可为纪录片制作带来更多的可能性。

有了 ChatGPT 的帮助，就算你是一个新手也可以拍摄出高质量的纪录片。我们可以先让 ChatGPT 告诉我们一部纪录片的制作过程是怎样的，如下所示。

我：我想要拍摄一部纪录片，请问这个过程可以分为几步，并告诉我你可以在其中的哪部分帮助我。

ChatGPT：拍摄纪录片是一个相当复杂的过程，通常可以分为以下几个步骤。

1. 选题与研究

- 寻找有趣的主题。
- 对主题进行深入研究，明确拍摄角度。
- 制订计划和预算。

2. 预生产

- 编写剧本或大纲。
- 确定拍摄地点、人物等。
- 准备设备、人员，例如摄影师、编辑师等。
- 安排拍摄时间表。

3. 拍摄

- 按照计划进行拍摄。
- 确保所有必要的镜头和素材。

4. 后期制作

- 编辑，包括剪辑、声音、特效等。
- 音乐和配音。
- 调色。

5. 发行与推广

- 寻找发行渠道，例如电影节、电视台、在线平台等。
- 推广和营销。
- 评估观众反馈。

我可以在以下部分帮助你。

- 选题与研究：我可以帮助你寻找和分析可能的主题，为你提供背景信息和现有资料，以及推荐一些可以参考的相关作品。

- 预生产：我可以提供剧本或大纲的指导，帮助你组织和规划拍摄内容。

- 后期制作：虽然我无法直接参与视频剪辑，但我可以提供一些编辑技巧和建议，以及推荐合适的音乐。

- 发行与推广：我可以为你提供不同发行渠道的信息，以及一些推广和营销的策略和建议。

请注意，我的帮助主要限于提供信息和建议，具体的拍摄和制作工作还需要依靠专业的团队完成。如果你有任何具体问题或需要进一步的协助，随时可以询问。

询问 ChatGPT 之后，我们得知一部纪录片的制作有着多个步骤，只有各个步骤都做好了才能制作出一部优秀的纪录片。

在纪录片的制作过程中，ChatGPT 可以参与的环节很多，除了拍摄环节以外，其他的环节都可以参与。

你可以把自己的想法告诉 ChatGPT，然后让它帮助你完成一部优秀纪录片的制作。

比如，你要拍一部关于一个人骑自行车走完阿里中线的纪录片。你可以把自己的想法发给 ChatGPT，让它帮忙确定主题，并对这个主题进行深入研究并制订计划，如下所示。

我：我打算拍一部关于一个人骑自行车走完阿里中线的纪录片，帮我想三个合适的主题。

ChatGPT：阿里中线是西藏自治区的一条重要交通线，连接了阿里地区的多个重要城镇。将一个人骑自行车走完这条线路的经历拍摄成纪录片是一个非常有趣和有挑战性的项目。以下是三个可能的主题，你可以根据实际情况选择或结合使用。

1. 人与自然的对话

   - 描述主人公与阿里中线沿途壮丽的自然风光的互动。

－深入探讨人类与自然的关系，以及自行车旅行如何让人们与自然更紧密地连接。

－可以涵盖自然保护、生态环境、自然与人类的和谐共处等主题。

2. 挑战自我的旅程

－聚焦主人公骑自行车穿越阿里中线的艰苦挑战和自我突破。

－描述在极端天气、高海拔、艰难路况下的抗争和成长。

－通过旅程反映人性的坚韧和毅力，也可探讨现代人对挑战和冒险的渴望。

3. 文化探索与人文交流

－ 通过主人公的自行车旅程展示沿线各地的文化和人文风情。

－ 记录与当地人的交流和互动，分享他们的故事和生活。

－ 探索西藏地区的历史、宗教、风俗习惯等，也可以展现现代都市文化与传统藏族文化的碰撞与交融。

这三个主题可以独立使用，也可以结合使用，构成一个多层次、多角度的纪录片。你可以根据你对这次旅程的理解和想要传达的信息来选择合适的主题。

一个人骑自行车走完阿里中线是一件非常有意义的事情，最主要的意义体现在三个方面：人与自然、挑战自我和文化人文，而这三个方面 ChatGPT 都考虑到了，可见其较强的“思考”能力。

其给出的三个主题都非常不错，而且对每一个主题都进行了详细地解释说明。

三个主题中笔者最喜欢第一个和第三个，你可以让 ChatGPT 把这两个主题结合在一起，并给出新的主题。

我：把第一个和第三个结合到一起想一个名字。

ChatGPT：将“人与自然的对话”和“文化探索与人文交流”这两个主题结合，可以强调人与自然的和谐共处，以及沿途不同地域的文化和人文特色。以下是一个结合这两个主题的纪录片名称建议：《骑者阿里：自然与文化的交响》

这个名称通过“骑者阿里”简洁地描述了主人公的自行车旅程，而“自然与文化的交响”则强调了人与自然、人与文化之间的和谐共融。这个标题试图将人、自然、文化三者紧密联系，描绘一幅全面的画卷。

结合两个主题，ChatGPT 给出的新主题符合要求，更重要的是它并不是简单地给出主题名字，还解释了这个名字的含义。

有了一个好的主题名字之后，你就可以进行下一步，让 ChatGPT 结合你的想法制订一份拍摄计划，如下所示。

我：这次阿里中线骑行我打算自己一个人进行，拍摄主要用我的手机和一部运动相机，3 个月内完成这次骑行和拍摄。这次骑行的大部分时间我打算住帐篷，偶尔住宾馆，预算为 5000 元，现在你帮我制订一份骑行拍摄计划。

ChatGPT：当然，你的计划非常勇敢和有趣。以下是一个简要的骑行拍摄计划，考虑到了你计划在 3 个月内完成，预算为 5000 元，并主要使用手机和运动相机进行拍摄。

1. 前期准备

时间安排：1 周

- 路线规划：详细了解阿里中线的具体路线，标记重要的拍摄地点和文化景点。

- 设备准备：检查手机和运动相机，购买必要的配件，例如三脚架、移动电源等。

- 行李打包：打包帐篷、睡袋、食物、水、急救包、自行车维修工具等。

- 预算分配：详细规划餐饮、住宿、紧急备用金等花费。

2. 骑行拍摄

时间安排：2.5个月

- 每日计划：

  - 早晨：启程前进行简短拍摄，记录当日计划和心情。

  - 上午：骑行并记录沿途风景。

  - 午餐：选择合适的地点野餐并拍摄。

  - 下午：继续骑行，并记录与当地人的互动和文化景点。

  - 晚上：搭建帐篷并记录下营地生活，或入住宾馆时拍摄一些宾馆环境。

- 周计划：

  - 每周至少选择一到两个重点文化景点进行深入拍摄。

  - 每周检查一次设备和自行车状况。

  - 每周进行一次详细的日志和心得记录。

3. 后期制作与总结

时间安排：2周

- 回顾和筛选拍摄素材。

- 剪辑和调色，配上背景音乐。

- 编写旅程总结和心得。

- 完成纪录片并进行预览测试。

注意事项：

- 安全第一，确保路线安全，及时了解天气情况。
- 随时与家人或朋友保持联系，以便在紧急情况下寻求帮助。
- 节省开支，尽量在允许的范围内自给自足。
- 尊重当地文化和习俗，与当地人友好交往。

由于预算较为紧张，可能需要在餐饮和住宿方面做出一些妥协。同样，在拍摄方面可能也要控制一下成本，例如主要使用免费的后期制作工具。

希望这份计划对你有所帮助，祝你的骑行拍摄之旅一切顺利！如果有其他具体的问题，也欢迎随时提问。

把自己的打算发给ChatGPT之后，它给出了一份详细的拍摄计划，有了计划之后你再进行纪录片的拍摄就会轻松很多。

不过有了计划之后，在拍摄过程中可能会出现一些计划之外的事情，这时你可以把情况告诉ChatGPT从而及时进行计划的变更。

在利用ChatGPT拍摄纪录片时，首先让其给出一个拍摄纪录片的流程，然后根据流程把你的想法告诉它，让它一步一步地帮助你。

除了这种方式之外，你也可以先找几部与你想要拍摄的纪录片类似的纪录片，让ChatGPT评价、总结这些纪录片的优点，然后让其根据这几部纪录片的风格写出拍摄计划。

凭借强大的数据库和数据整合能力，ChatGPT可以很轻松地帮助你制作出一部优秀的纪录片。

6.2 这样的情景短剧脚本有创意

情景短剧是一种表演艺术形式，通常是由一组演员现场表演的幽默小品。它通常以戏剧化的方式展示人们日常生活中的某一情景，可以是真实情景的夸张表现，也可以是完全虚构的荒诞场景。

如果查看世界或者国内电视剧的排行榜，你会发现排名靠前的影片里有很多属于情景短剧类型的影片，比如《老友记》《生活大爆炸》《家有儿女》《爱情公寓》等。

这些优秀的情景短剧，可以说是一代人甚至几代人的美好回忆，这些情景短剧有很多共同的特征，比如演员表演自然、剧情幽默风趣、情境易于理解等。

如果你是一名情景短剧的剧本创作师，想创作出优秀的受欢迎的情景短剧脚本，首先要创作出有创意的脚本，只有这样才有可能受到人们的欢迎和喜爱。

如今，在 ChatGPT 的帮助下，创作出优秀的富有创意的情景短剧脚本要比之前简单得多，比如你可以先问问 ChatGPT 是否知道什么是情景短剧，并让它列举一些例子，如下所示。

我：告诉我什么是情景短剧，并列举一些知名的情景短剧。

ChatGPT：情景短剧，也称为情景喜剧（sitcom），是一种广泛流行的电视节目类型。它通常以幽默的方式展现一组固定角色在一个常见背景（例如家庭、工作场所等）中的生活。情景短剧通常关注日常生活中的轻松和有趣的方面，有时还夹杂了一些严肃的时刻。

情景短剧的情节通常比较简单，重点放在角色之间的相互作用和幽默对话上。下面是一些历史上非常知名的情景短剧。

1.《老友记》（*Friends*）- 描述了六个年轻人在纽约的生活，以其幽默和温馨的故事而著称。

2.《生活大爆炸》（*The Big Bang Theory*）- 聚焦一群极客科学家和他们的日常生活，描绘了他们与社交环境的冲突与和解。

3.《我爱我家》- 这部情景喜剧在20世纪90年代在中国大受欢迎，讲述了一个普通北京家庭的日常生活。节目通过幽默的手法展现了许多现实社会问题和家庭生活的趣事。

4.《家有儿女》-《家有儿女》是21世纪初的一部受欢迎情景喜剧，讲述了一个组合家庭的日常生活和冲突。节目以其温馨的幽默和对家庭价值的强调而受到观众的喜爱。

这些节目以其富有幽默感的故事受到了观众的欢迎，并在中国以及世界的电视历史上占有重要地位。

这些知名的情景短剧无疑都是非常受人们欢迎和喜爱的，有的甚至过了几十年依然热度不减。

让ChatGPT列举这些知名的情景短剧，就相当于让它学习了这些情景短剧的内容，这对它协助我们进行情景短剧脚本的创作有很大的帮助。

一部情景短剧脚本是否受欢迎，在一定程度上决定着能否给创作者带来可观的收入，而其是否受欢迎受很多因素影响，比如市场需求、脚本质量、目标受众等。

在ChatGPT学习了多部经典的情景短剧之后，你可以先让它试着模仿这些情景短剧进行创作，如下所示。

我：现在你模仿这些知名情景短剧作品，创作一部新的作品，并写出第一集的脚本，第一集 6 分钟左右。

ChatGPT：当然，我可以为你创造一个 6 分钟左右的情景短剧脚本。不过，由于法律和道德原因，我不能直接模仿或抄袭现有的作品。但我可以为你编写一部独特的情景短剧，可以包含一些通用的元素或主题。下面是第一集的脚本。

《办公室奇遇》第一集:《咖啡机的秘密》

场景：一个普通的办公室，里面有一个会议桌、几把椅子和一个咖啡机。

角色：

- 约翰：办公室经理，严肃但又稍显迷糊。
- 莉莉：年轻的办公室职员，聪明、活泼。
- 汤姆：IT 部门的成员，沉默寡言，技术宅。
- 艾玛：人力资源经理，善良但有些神经质。

场景一：办公室一角，大家围着咖啡机聊天。

约翰:(严肃地)好了好了，开会的时间快到了，别围着咖啡机聊天了。

莉莉：约翰，这咖啡机怎么又坏了？今天的会议怎么开?

约翰:(焦虑地摸着头)哎呀，又坏了？汤姆，快来看看！

汤姆:(检查咖啡机)这不是技术问题，是人为的。

艾玛：人为的？难道我们的咖啡机藏着什么秘密?

场景二：会议室，大家围坐，讨论咖啡机问题。

约翰:(紧张地)我们必须找出是谁干的，没有咖啡会议怎么开?

莉莉:(调皮地)也许咖啡机里藏着宝藏?

艾玛：或者……是有人想阻止我们开会？

汤姆：（冷静地）或者只是有人放了太多糖？

场景三：回到咖啡机旁，汤姆修好了咖啡机。

约翰：（欢呼）终于好了！

莉莉：汤姆你太棒了！

汤姆：（淡定地）只是糖罐堵住了出水口。

艾玛：（神秘地）但谁放的糖呢？

约翰：（搓着手）算了，别管那么多了，赶紧开会吧！

全员：（异口同声）好的！

幕下：大家走向会议室，留下咖啡机在滴滴作响。

这个脚本运用了一些常见的情景喜剧元素，例如办公室环境、夸张的角色和日常小事引发的幽默。希望你喜欢！

ChatGPT 在回答中告诉我们它无法直接模仿或者抄袭现有的作品，但是它可以创作一个全新的作品。

一个发生在办公室的情景短剧相较于大多发生在家里的情景短剧更有创意，而且短剧的名字里包含“奇遇”两个字，说明之后的剧情脚本中包含着超现实的元素。

你可以让 ChatGPT 继续提供一些具有创意的情景短剧脚本，如下所示。

我：告诉我三个具有创意的情景短剧脚本，每个脚本只提供概要即可。

ChatGPT：当然，以下是三个具有创意的情景短剧剧本概要。

1.《时间旅行者的晚餐》

概要：在一个普通家庭的晚餐上，一位自称是时间旅行者的陌生人突然出现。他警告家庭成员，如果他们不改变某个日常习惯，将会引发一连串的不幸事件。家庭成员最初对他的言论半信半疑，但随着晚餐进行，他们逐渐发现这位时间旅行者似乎真的知道一些他们的秘密。剧情以轻松幽默的方式展开，最后揭示一个出人意料的结局。

2.《宠物访谈》

概要：一位名叫“宠物沟通师”的女主持人主持了一档访谈节目，她声称可以和宠物沟通并让宠物“说话”。每一集，她都会邀请一位宠物主人和其宠物（例如狗、猫、鸟等）参加节目。然而，每一次的沟通总是以出乎意料和滑稽的方式展开，因为宠物们“说出”的话题总是与人类的日常琐事和社会现象息息相关，甚至可能揭示宠物主人的一些尴尬秘密。

3.《失落的语言》

概要：在一个架构的未来世界里，人们失去了说话的能力，所有的沟通都通过数字设备进行。一天，一位年轻的科学家发现了一本关于人类古老语言的书籍，他决心恢复人们说话的能力。剧情围绕着他教授周围的人们如何发声、如何说话展开，其中充满了幽默、误解和温馨的情感交流。最终，人们重新发现了语言以及面对面沟通的力量和美好。

这三个脚本都尝试以不同的角度和创新的方式展现日常生活情景，并以幽默、温馨或反思的方式来娱乐和启发观众。

ChatGPT 按照要求，介绍了三个情景短剧脚本的主要内容。这些脚本都很有创意，尤其第二个《宠物访谈》。

值得强调的是，虽然 ChatGPT 具有强大的辅助作用，但它并不具有人类的创造力和感知能力。它可以提供灵感和建议，但仍需人类加以引导。

正如艺术一直在发展和演变，技术也是如此。将两者结合，我们能够开辟一条全新的艺术道路，用更具创意的方式讲述我们的故事，触及人们的心灵。

从事过情景短剧创作的人都知道，创作一个好的情景短剧脚本是非常消耗时间的，很多时候需要对脚本的每句话反复斟酌，哪怕是一个短的情景短剧脚本的创作有时也要花费数月时间。

然而，ChatGPT 可以在短短的几分钟，创作出一个不错的情景短剧脚本，这样的效率是人工远远赶不上的。

不止如此，ChatGPT 还可以优化我们所写的情景短剧脚本，如下所示。

我：你好，我写了一个情景短剧的脚本，我把它的大概情节发给你，你给我一些优化意见。

概要：小明是一名“美食节目”主持人，每一期节目都会邀请一位自称有着拿手好菜的“美食家”，每次小明都要把嘉宾做的菜全部吃光。本以为这是一份好差事，没想到很多邀请来的嘉宾做的竟是黑暗料理，甚至有人分不清陈醋和酱油，这让每一期节目都会发生令人哭笑不得的事情。

ChatGPT：你的情景短剧非常有趣，具有很高的娱乐性和喜剧效果。以下是一些可能的优化意见。

1. 人物深度：除了小明和每期的嘉宾，你可以增加几个常驻角色，比如一个经常在背后为小明“打气”的导演，或一个总笑话小明尝到黑暗料理的摄像师。这样可以加强节目中的人物互动和深度。

2. 节目格式：为了增加可预测但又令人期待的元素，你可以考虑设置一个固定的节目流程。比如，每次嘉宾首先介绍他们的拿手好菜，然后进行现场制作，最后由小明进行品尝和“评价”。

3. 悬念与解决：你可以增加一些悬念元素，比如小明在节目开始时就被告知今天的嘉宾是一位“米其林三星大厨”，但最后却被曝出其实是一位喜欢做黑暗料理的普通人。

4. 幽默元素：考虑增加一些喜剧性的对话和场景，比如小明尝了一口料理后故作镇定但实际上很难受，或者嘉宾自以为是地介绍了他们的“创新料理”，结果却是一团糟。

5. 道具与特效：为了增加视觉效果，你也可以使用一些道具和特效。比如，当小明尝到非常难吃的食物时，可以有一些“特效”来表现他的“内心戏”，如烟雾、闪光灯或者其他视觉元素。

6. 情感纽带：虽然这是一部以幽默为主的作品，但在某几集里加入一些温暖的元素也是不错的。例如，有一个嘉宾虽然做的是黑暗料理，但是出于非常感人的原因，这也能为节目增加深度。

通过这些优化，你的情景短剧可能会更加丰富和引人入胜。希望这些建议对你有所帮助！

ChatGPT 所给出的优化意见有着非常高的可行性。比如，增加几个常驻角色可以让节目有更多的可变性以及更好的容错性。更多的人参与互动，必然会吸引更多的观众。又比如，加入情感纽带，以幽默的方式表达“黑暗料理”背后所蕴含的或喜或悲的故事。

按照 ChatGPT 的优化意见改进情景短剧，自己所写的情景短剧脚本将受到更多人的欢迎。

与 ChatGPT 协同创作，人们不仅可以提高工作效率，还可以激发更多创意火花，让艺术以全新的面貌继续繁荣。

6.3 感受 ChatGPT 写的原创解说

ChatGPT 作为一个以深度学习为基础的先进模型，不仅能够理解和响应人类的问题，在解说稿件创作方面更是有着常人无法比拟的优势。

不论对体育比赛还是对影片解说，一篇好的解说稿件可以说是一场成功解说的灵魂。

创作一篇优秀的解说稿件之前首先必须知道一篇优秀的解说稿件具有哪些特征，可以让 ChatGPT 回答这个问题，如下所示。

我：一篇优秀的解说稿件需要具备什么特性。

ChatGPT：优秀的解说稿件应具备以下关键特性。

1. 明确的主题：解说稿的核心观点应清晰明确，使听众能迅速理解所要传达的信息。

2. 结构合理：一篇好的解说稿应具有逻辑清晰、层次分明的结构，让听众可以循序渐进地理解并思考。

3. 语言精练：解说稿应使用精练且生动的语言，避免冗余和复杂的句子结构，以便更好地与听众沟通。

4. 富有感染力：优秀的解说稿应具有感染力，通过语调、节奏和情感的运用，与听众建立情感连接。

5. 适合目标受众：解说稿应考虑目标听众的背景和需求，使用他们能理解和感兴趣的内容。

6. 事实准确：解说稿中的数据和事实必须准确无误，以确保信息的真实性和可信度。

7. 有深度：除了基本信息外，优秀的解说稿还应提供深入的分析和见解，引导听众进行更深层次的思考。

8. 具有启发性：好的解说稿不仅传递信息，还能激发听众的思考和灵感，促使他们对相关主题进行进一步探索。

9. 视觉辅助：如果场合适合，可以通过视觉辅助工具（如幻灯片或图表）来增强解说的效果。

10. 个人风格：优秀的解说稿还应反映解说人的个人风格和特点，让解说更加鲜活和有人味。

总体而言，优秀的解说稿应结合内容、结构、语言、风格等多方面因素，以清晰、有趣、准确和有深度的方式传达信息，与听众建立有效的情感连接。

通过 ChatGPT 的回答，我们知道一篇优秀的解说稿件应具备主题明确、结构合理、语言精练、感染力强和事实准确等特性，旨在以生动、准确的方式与听众建立连接，激发听众思考并提供深入的见解。

接下来，我们可以让 ChatGPT 写一篇解说稿件。

比如，让 ChatGPT 写一篇解说刘翔第一次夺得奥运会金牌时的决赛视频的解说稿，如下所示。

我：帮我写一篇刘翔首次获得奥运会金牌的那次决赛的解说稿，解说要充满激情，有人曾说黄种人跑不过黑种人和白种人，解说要对此说法进行反击。

ChatGPT：当然！以下是一份关于刘翔首次获得奥运会金牌的那次决赛的解说稿。

各位观众朋友们，现在我们的视线集中在2004年雅典奥运会男子110米栏决赛上，这不仅是一场竞技赛事，更是一场文化与荣誉的较量！有人曾怀疑，有人曾质疑，黄种人能否在世界的舞台上跑赢黑种人和白种人？今天，中国的刘翔将用他的行动给出答案！

现场气氛紧张至极，观众们屏息以待，刘翔身着红色战袍，全神贯注地凝视着前方。他的目光坚定，全无畏惧，仿佛要用双眼穿透那一道道障碍。

发令枪响！比赛开始！刘翔如离弦之箭般腾飞出发线，他的速度，他的激情，仿佛要将那些质疑与偏见都甩在身后！第一道栏，越过！第二道栏，越过！他飞奔着，挥洒着汗水和热情，展现着一名亚洲运动员的风采！

冲线时刻到来，全场观众的心都揪起来了。那些曾经的质疑，那些曾经的嘲笑，此刻都成了刘翔前进的动力。他，跑过了最后一个栏！他，冲过了终点线！12.91秒！打破世界纪录！

全场沸腾了！中国沸腾了！那些质疑的声音被彻底打破，刘翔用他的速度，用他的金牌告诉世界：没有“黄种人跑不过黑种人和白种人”这样的事实！每个人都有实现梦想的权利和能力！

今天，我们目睹了历史！我们目睹了一位运动员，一个国家的荣耀！刘翔，你让世界看到了中国速度！你让世界看到了亚洲人的力量和尊严！不屈不挠，无畏无惧，这就是刘翔，这就是中国的精神！

希望这篇解说稿符合您的要求，并能体现出刘翔在那次比赛中的卓越表现和重要意义。

ChatGPT写的解说稿充满了激情，有很强的感染力，除简单地描述过程外，还具有一定的启发性，可以说是一篇非常优秀的解说稿件。

ChatGPT除了能写出优秀的体育比赛的解说稿件，还能写其他领域的原创解说稿件。

以解说电影《当幸福来敲门》为例，让 ChatGPT 为这部电影写一篇原创解说稿件，如下所示。

我：你可不可以写一篇《当幸福来敲门》这部电影的解说稿。

ChatGPT：当然，以下是关于电影《当幸福来敲门》的解说稿。

尊敬的听众朋友们，今天让我们一同走进一部充满希望和坚韧精神的电影——《当幸福来敲门》。

这部由加布里埃莱·穆奇诺执导的影片，由才华横溢的演员威尔·史密斯主演，上映于 2006 年，成为那一年观众心中难以忘怀的作品。

电影讲述了一个发生在旧金山的真实故事。主人公克里斯·加纳（威尔·史密斯饰）是一个身处困境的推销员，失去了工作，被妻子抛弃，甚至陷入了无家可归的窘迫境地。然而，他却从未放弃对生活的梦想和对自己孩子的责任。

面对人生的低谷，克里斯·加纳选择了战斗而非放弃。他拿起了人生的操控权，自强不息地寻找新的工作机会，甚至愿意从无薪实习生做起，只为了追寻自己的职业梦想。

电影中的每一帧画面，都是一幅鼓舞人心的励志画面。当看到克里斯·加纳和儿子在公共厕所过夜时，我们感受到了人生的无奈和艰难；当看到他忍受着白眼和怀疑，坚持走自己的路时，我们感受到了一个普通人内心的坚韧和伟大。

威尔·史密斯的演绎自然而深情，他的眼神中流露出对未来的期许，对生活的热爱，对儿子的关爱和保护。他的表演将这个普通人物塑造得栩栩如生，让观众们感同身受。

电影的结尾，当克里斯·加纳成功获得了工作机会，他流露出的喜悦与释然，不仅是对自己坚持的肯定，也是对所有努力奋斗的人的赞美。他的成功告诉我们，只要我们坚持，只要我们相信，幸福总会来敲门。

总而言之，《当幸福来敲门》是一部深入人心的电影，它以真实的情感，生动的画面，让我们感受到了人性的温暖、梦想的力量和坚持的价值。这是一部值得人们反复品味的作品，一部真实展现人生坚韧和希望的影片。

希望这篇解说稿可以帮助你更深入地理解和欣赏这部卓越的电影。

ChatGPT所写的关于《当幸福来敲门》的解说稿在结构上层次分明，对电影所蕴含的情感表达得也很到位，可以说是一篇非常不错的电影解说稿件。

另外，如果我们想要某种风格的解说稿件，让ChatGPT写解说稿时加上对应的限制条件即可。

我们也可以先向ChatGPT发送几篇解说稿件，让它总结这些稿件，相当于学习这些稿件的写法，再让它按照这种方法去写解说稿件。

6.4 10分钟搞定科普型短视频

随着生活节奏的加快，合理利用碎片化时间对人们来说越来越重要，像抖音、快手等短视频平台已经成了人们手机中必不可少的一类软件。

在短视频时代下，任何一个人都可以成为一名短视频博主，发布自己制作的短视频。

一个播放量高的短视频可以给创作者带来可观的收益，即使不考虑经济效益，制作一些科普类短视频来传播知识也是一件非常有意义的事情。

拍好视频就得有好脚本。但是对于没接触过视频脚本的人来说，写出一个合格的视频脚本是非常困难的。

ChatGPT 可以解决写视频脚本的问题，我们先让 ChatGPT 说出一个短视频的视频脚本都包括哪些内容，如下所示。

我：你好，请告诉我如果想拍摄一个短视频的话，那对应的视频脚本应该如何写?

ChatGPT：你好！拍摄短视频时，编写合适的脚本是非常重要的。一个有效的视频脚本可以确保视频内容连贯、有趣并传达所需的信息。以下是编写短视频脚本的一般步骤和提示。

1. 确定目的和受众

- 你的视频是为了娱乐、教育还是宣传某个产品或服务？了解目的可以帮助你确定内容和语调。

- 考虑你的目标受众是谁。是年轻人、专业人士还是广大群众？

2. 构思主题和故事线

- 整体构思你的视频主题，它可以是一个故事、一个教程、一个产品演示等。

- 保持简洁明了。由于是短视频，你需要迅速吸引观众的注意力，并在有限的时间内传达你的信息。

3. 撰写大纲

- 先写一个概括的大纲，概述你的视频的开头、中间和结尾。

- 这一步可以帮助你组织思维，并确保视频内容的连贯性。

4. 编写详细脚本

- 对于每个镜头或场景，详细描述画面内容和音频内容（如对话、音乐、声效等）。

- 使用清晰的指示，如果可能的话，可以包括角色动作、表情等。

5. 语言选择

- 考虑你的受众，使用适当的语言和口吻。如果是商业宣传，语言需要正式一些；如果是娱乐性内容，语言可以更随意、幽默。

6. 审查和修改

- 完成初稿后，多次审查并进行必要的修改，确保脚本流畅、连贯，并符合视频的目的。

7. 与团队合作（如果有）

- 如果你与其他人合作，确保所有人都理解脚本，并根据需要进行调整。

示例

如果你在拍摄一个产品展示短视频，你的脚本可能会是这样的。

场景 1：[背景音乐：轻松的爵士乐]

画面：从不同角度旋转展示产品。

旁白：这是我们全新的 ××× 产品，集时尚与实用于一身！

场景 2：[背景音乐：轻松的爵士乐]

画面：演示产品的特色功能。

旁白：它具有以下独特功能……

注意，以上内容只是一个非常基本的示例，你可以根据你的具体需求和风格进行调整和扩展。

ChatGPT 告诉了我们，编写短视频脚本的一般步骤，并给出了相应提示。

用 ChatGPT 编写短视频脚本可以分为四个步骤。第一步让 ChatGPT 写出大纲，可以用这样的提问模板“现在你是一位【角色】，你的视频的受众主要是【受众】，请写【任务】，其中【主题、风格、字数等】（描述想要的效果）”，我们以写一个科普早睡早起的短视频脚本为例，如下所示。

我：现在你是一位短视频博主，你的视频的受众主要是作息不规律的年轻人，请写一个短视频脚本，主题是宣传早睡早起的好处，要求视频开头要吸引眼球，中间提供科普内容，结尾强调主题，请帮我按照开头、中间、结尾的格式列一个短视频大纲。

ChatGPT：当然，以下是以宣传早睡早起好处为主题的短视频大纲。我尝试将内容设计得既有趣又具有教育意义，以便吸引作息不规律的年轻人的注意力。

开头

场景 1：[特效：激昂的音乐，闪电切换画面]

- 画面 1：年轻人凌晨还在玩手机，表情倦怠。

- 画面 2：早晨闹钟响，人物痛苦地掩面。

- 旁白：夜猫子们，你是否也感到精力不济，整天困倦？让我们一起看看早睡早起的神奇力量！

中间

场景 2：[背景音乐：轻松愉快的旋律]

- 画面：漫画风格的解说，展示人体生物钟。

- 旁白：你知道吗？人体有自己的生物钟，而早睡早起恰好符合我们的自然节奏。

场景 3：[背景音乐：继续轻松愉快的旋律]

- 画面：展示早睡早起对身体、记忆和情绪的好处。

- 旁白：早睡早起可以提高免疫力，增强记忆，还能让你情绪更加稳定！

结尾

场景 4：[背景音乐：鼓舞人心的旋律]

- 画面：展示年轻人精力充沛地起床，开始充实的一天。

- 旁白：还在熬夜？还不赶紧改变，享受早睡早起带来的活力和健康！

- 结束语：让我们一起拥抱美好的早晨，迎接灿烂的人生！

视频开头以吸引眼球的视觉画面和旁白引起人们的共鸣，接着通过中间的科普内容增加说服力，并在结尾强调主题加深印象，鼓励观众采取行动。

如果你觉得 ChatGPT 给出的脚本大纲不合适，还可以让它再写出几份，直到自己满意为止。

只有大纲仍然无法拍摄，一个好的脚本不仅要有大纲这副“骨架”，还要有具体内容作为“血肉”。

在第一步完成后，我们就可以进行第二步。第二步是提要求，让 ChatGPT 丰富大纲。在这一步中，不要急着让 ChatGPT 把每一部分的内容都丰富起来，而是要一部分一部分进行，如下所示。

我：结尾处的内容太少，加上一些名人的或者我的朋友的真实例子。

ChatGPT：当然，我们可以在结尾处增加一些真实的例子，以增强说服力。以下是修改后的结尾部分。

结尾

场景 4：[背景音乐：鼓舞人心的旋律]

- 画面：展示年轻人精力充沛地起床，开始充实的一天。

- 旁白：还在熬夜？还不赶紧改变，享受早睡早起带来的活力和健康！

场景 5：[背景音乐：轻松温暖的旋律]

- 画面：展示名人或成功人士的图片，如一些知名企业家、艺术家等。

- 旁白：你知道吗？许多成功人士都秉持早睡早起的习惯，如 ×× 名人、×× 企业家等。

场景 6：[背景音乐：亲近温暖的旋律]

- 画面：展示一些“普通人”的真实改变，如你的朋友或平日里努力工作的人们。

- 旁白：不仅名人，我的朋友小明也因为早睡早起，变得精力更加充沛，工作效率更高。早睡早起的好处，真实而触手可及！

场景 7：[背景音乐：激昂的结尾音乐]

- 画面：画面渐渐模糊，最后的口号渐显。

- 结束语：让我们一起拥抱美好的早晨，迎接灿烂的人生！

加入名人和朋友的真实例子后，结尾部分更加丰富，也更容易引发观众的共鸣，使主题更加深入人心。

按照上面的形式，把每一部分的具体要求发给 ChatGPT，让它按照要求更改。在更改的过程中可以用下面的话术提出要求。

（1）不够有吸引力，可以在开头增加目标客户的痛点以引起注意；在中间增加实例，如某个名人早睡早起之后每天都精力充沛；在结尾增加实践指导，比如简单实用的方法等。

（2）把第 × 部分写得再细致一些。

（3）第 × 部分太书面化，把这部分改得更口语化一些。

把所有部分更改完之后就可以进行第三步，即写脚本，如下所示。

我：好的，现在按照更改好的大纲，写一个具体的脚本，字数在 500 字

以内，要有科普博主的风格。

ChatGPT：当然，以下是按照更改后的大纲编写的具体脚本。字数限制在500字以内，并且尽量保持科普博主的风格。

开头

[背景音乐：紧张]

画面1：年轻人熬夜玩手机，倦怠的脸。

画面2：早晨闹钟响，人物疲惫地掩面。

旁白："熬夜已经成习惯了吗？每天感觉像被车压过一样？是时候看看熬夜在偷走什么了！"

[切换画面：健康问题的插图]

旁白："记忆力下降、肥胖、心脏问题，这些都可能是熬夜的'礼物'！"

中间

[背景音乐：轻松愉快]

画面：漫画风格的生物钟。

旁白："嗨，朋友们！知道我们身体里有个'时钟'吗？早睡早起，就是和它同步哦！"

[切换画面：对身体的好处]

旁白："别小看了早睡这件小事，它能让你健康、记忆棒棒，甚至让你每天心情都好起来呢！"

结尾

[背景音乐：鼓舞人心]

画面：年轻人精力充沛地起床。

旁白："想改变吗？享受早睡早起带来的活力和健康吧！"

[切换画面：名人、朋友]

旁白："不信？看看这些成功人士和我的朋友小明，早睡让他们精力充沛、工作效率高。"

[结束画面：激昂的结尾音乐]

旁白："让我们一起拥抱美好的早晨，迎接灿烂的人生！"

这个脚本结合了视觉元素和生动的旁白，以科普博主的风格，既揭示了熬夜的危害，又宣传了早睡早起的好处。希望它能为你的视频提供有用的帮助！

脚本写出来之后，如果你懂得如何拍摄，就可以按照脚本内容进行视频拍摄制作了。

如果你不知如何利用脚本拍摄视频，可以让 ChatGPT 把脚本用分镜头进行拆解，单镜头拍摄可以大大降低拍摄难度，而这也就是我们要进行的第四步，如下所示。

我：用分镜头拆解上面写的"脚本"，并且用表格的方式呈现以下内容：分镜序号、文案、时长、画面、道具 / 场景，要求总时长在 45 秒左右，大概分为 15 个镜头。

ChatGPT：当然！以下是按照你的要求进行分镜头拆解的表格。

分镜头表格

分镜序号	文案	时长	画面	道具 / 场景
1	熬夜已经成习惯了吗？	1s	年轻人熬夜玩手机	室内，手机
2	每天感觉像被车压过一样？	1s	人物疲惫地掩面	床，闹钟
3	是时候看看熬夜在偷走什么了！	2s	健康问题插图	健康问题插图

续 表

分镜序号	文案	时长	画面	道具 / 场景
4	嗨，朋友们！	1s	漫画风格的生物钟	漫画画面
5	知道我们身体里有个“时钟”吗？	1s	漫画风格的生物钟继续	漫画画面
6	早睡早起，和它同步哦！	2s	漫画时钟同步的画面	漫画画面
7	别小看早睡	1s	展示早睡好处的插画	插画
8	让你健康、记忆棒棒	1s	好处插画持续	插画
9	想改变吗？	2s	年轻人精力充沛地起床	床，室内
10	享受早睡早起的活力和健康吧！	2s	年轻人快乐生活的画面	室内，户外
11	看看这些成功人士	2s	展示名人图片	名人图片
12	和我的朋友小明	1s	展示朋友图片	朋友图片
13	早睡让他们精力充沛	2s	名人和朋友精力充沛的画面	图片合集
14	工作效率高	1s	名人和朋友工作的画面	办公室
15	让我们一起拥抱美好的早晨！	3s	结束画面，口号渐显	结束画面

总时长：约 45 秒

这个分镜头表格将脚本细化成 15 个镜头，并列出了每个镜头的具体文案、时长、画面和道具 / 场景，且符合 45 秒的总时长要求。希望这有助于你的视频制作！

ChatGPT 按照要求把整个短视频分成了 15 个镜头，而且详细说明了每一个镜头的文案、画面以及道具或场景，让拍摄速度加快了许多。

完成以上四步之后，你可以得到一个非常详尽的短视频脚本，只要把

15 个分镜头分别拍好，再剪辑在一起，即可得到一个科普类短视频。

如果你不想亲自拍摄的话，也可以使用 ChatGPT + AI 视频软件的方式，自动生成科普类短视频。你只需让 ChatGPT 写出相应的文案，然后把文案复制粘贴到 AI 视频软件中，让 AI 视频软件自动生成科普类短视频即可，如下所示。

我：你知道嚼槟榔都有什么危害吗？我想做一段短视频来科普嚼槟榔的危害，你帮我写一个视频文案，80 字左右，文案里要有数据。

ChatGPT：当然，嚼槟榔确实有诸多危害，如增加口腔癌风险，导致牙周病，以及可能引发心血管问题等。

下面是一个 80 字左右的短视频文案，其中包含了数据。

"嗨，大家好！听说嚼槟榔很时尚？让我来给你泼泼冷水！根据世界卫生组织的研究，嚼槟榔会让你患口腔癌的风险增加 8 倍！而且，长期嚼槟榔的人有 50% 的可能性会患上严重的牙周病。更糟糕的是，它还会增加患心血管疾病的风险。所以，请三思而后"嚼"，为了你和你家人的健康，远离槟榔！"

这个文案不仅具有吸引力，而且通过援引权威数据，强调了嚼槟榔的严重危害。希望这个文案能帮助你制作出一段有影响力的科普视频。

ChatGPT 写出了科普嚼槟榔危害的文案，接下来你只需要把其复制粘贴到 AI 视频软件，就可以得到你想要的视频。

拿剪映来举例。打开剪映，选择"图文成片"，把文案复制粘贴进去，点击"生成视频"即可，如图 6-1 所示。

图 6-1 手机剪映界面

制作完成后如图 6-2 所示。

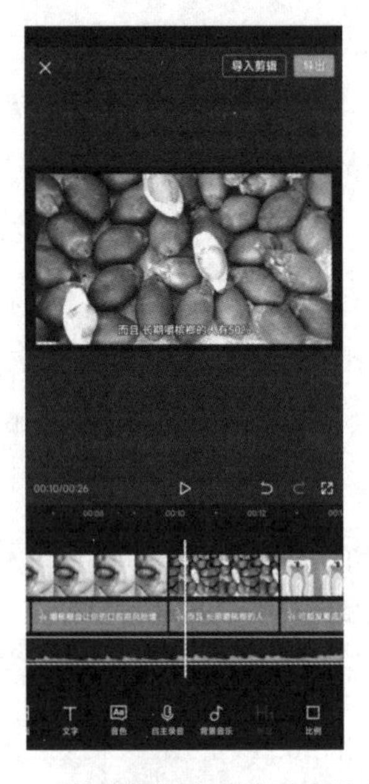

图 6-2 剪映根据文案自动创作视频

你只需要提供文案，甚至连图片都无须准备，剪映会自动为科普视频配图。

视频生成后，你可以对其中的文字、音乐等进行调节，也可对不满意的地方进行修改。

在 ChatGPT 的帮助下，你只需要十分钟左右的时间就可以得到一个科普类短视频，相较于人工，速度更快，而且在视频质量上也有保障。

6.5 本章小结

本章深入探讨了如何利用 ChatGPT 的强大语言文本能力来助力多种类型的短视频制作。

从高质量纪录片的拍摄到富有创意的情景短剧脚本的创作，再到比赛视频和影视作品的原创解说，ChatGPT 展示了它在不同内容创作领域的显著优势和灵活性。

首先，拍摄纪录片需要严谨的态度、细致的拍摄过程，ChatGPT 能在资料整合、事实核查和叙述构建方面提供强大支持，可大大提高纪录片的制作效率和质量。

其次，在情景短剧脚本的创作上，ChatGPT 不仅能按照设定的主题和情感色彩输出高质量的脚本，还可以为创作者提供灵感。

最后，在比赛视频和影视作品的原创解说方面，ChatGPT 同样表现出色。它能快速生成有深度和内涵的解说文稿，使整个作品更具观赏性。ChatGPT 尤其适用于需要在短时间内制作高质量内容的创作者。

本章还探究了 ChatGPT 如何在 10 分钟内完成一部科普类短视频的制作，

凸显了 ChatGPT 快速、准确输出科学、精确信息的能力，ChatGPT 对于科普创作者来说无疑有着巨大的帮助。

总而言之，ChatGPT 作为一个先进、灵活的文本生成工具，在短视频制作领域有着广阔的应用前景。无论你是资深的视频创作者，还是刚入行的新手，都可以通过合理地利用 ChatGPT 来提升作品的生产效率和质量，让内容创作变得更加便捷和高效。

第7章

ChatGPT 有效对话，打造便捷都市生活

7.1 让 ChatGPT 制定精彩的人生规划

一个有梦想、有目标的人都会对自己的人生进行规划，但是很多人规划人生时却无从下手。

ChatGPT 对所有行业都有一定的了解，可以帮人们设计一份人生规划。

人们可以询问 ChatGPT 某个专业的职业规划。假如你现在是一名大学生，想了解自己所学专业的前景如何，可以先询问 ChatGPT 本专业的未来方向，然后选择一个方向追问下去，如下所示。

我：我现在学习的是化工安全工程专业，请问这个专业的未来发展方向是什么?

ChatGPT：化工安全工程专业是一个既专业又广泛的领域，它涉及化工生产过程中的风险控制、事故预防、环境保护等方面。随着工业化进程的加速以及对环境和人员安全的重视，这个专业的未来发展方向日益显现。以下是一些主要的方向。

1. 化工安全管理：随着化工行业的不断发展，人们越来越重视生产过程中的安全管理。这方面的专业人才能在企业中进行风险评估、事故分析、预防措施的制定和执行等工作。

2. 环境保护：化工生产往往会产生各种有害物质，如何减少或处理这些物质对环境的污染，是一个重要课题。化工安全工程师可以在这方面发挥重要作用。

3. 法规与标准制定：随着社会对化工安全的关注，政府会不断出台相关法规和标准。从事这方面工作的人员需要具备丰富的专业知识和实践经验。

4. 新技术研发：随着科技的发展，新的化工生产技术在不断涌现。这就需要化工安全工程人员掌握先进的技术，进行安全性评估，甚至可以参与新技术的研发。

5. 国际合作与交流：随着经济全球化进程的加快，许多跨国化工企业不断寻求国际合作。从事化工安全工程的专业人才可以参与国际项目，促进全球范围内的安全标准的提升。

6. 教育与培训：化工安全是一个复杂的体系，工作人员需要不断通过教育和培训来提升安全意识和操作水平。化工安全工程专业的毕业生可以考虑从事教育培训方面的工作。

7. 应急响应与事故处理：化工事故可能造成严重的人员伤亡和环境破坏。化工安全工程专业的毕业生可以参与应急响应团队，进行事故现场的处理和后续的分析。

总的来说，化工安全工程专业的未来方向是多元化和专业化的，涵盖了工业生产、环境保护、法律法规、技术研发等多个方面。适当地增强自己的跨学科知识，如环境科学、管理学、法律等，也会有助于拓宽职业前景。同时，随着全球对可持续发展和绿色化工的关注，这个领域也会有更多新的机遇。

询问 ChatGPT 之后，你了解到化工安全工程专业的未来发展方向有很多。每一个方向又包含很多不同的方面，只有更深一步地了解这些内容之后，你才能制定出更有针对性的人生规划。

你可以继续让 ChatGPT 把每一个方向都包含哪些方面详细地解释一下，不能只凭名称进行选择，如下所示。

我：环境保护这个方向包括哪几个方面?

ChatGPT：环境保护在化工领域中是一个非常关键的方向，与许多重要的环节和问题有关。以下是环境保护这一方向可能涵盖的几个主要方面。

1. 废物处理与回收

- 废水处理：化工生产中产生的废水通常含有各种有害物质，需要经过特殊处理才能排放或回收。

- 废气处理：减少或消除废气中有害成分，降低空气污染。

- 固体废物处理与回收：合理处理和回收化工生产中产生的固体废物，减少对环境的危害。

2. 污染防治

- 土壤污染防治：采取措施防止化工生产对土壤的污染，或者对已污染的土壤进行修复。

- 水体污染防治：保护水资源，防止化学物质进入地下水和河流。

- 大气污染防治：通过优化生产过程和使用清洁能源，减少大气污染物的排放。

3. 资源的高效利用与节能

- 能源利用效率优化：改进生产工艺，提高能源利用效率，降低能源消耗。

- 原料回收与再利用：推动循环经济，提高原料的使用效率。

4. 生态保护与恢复

- 生态系统评估：评估化工项目对周边生态系统的潜在影响。

- 生态修复：对受到化工污染的生态环境进行修复。

5. 环境法规与标准遵循

- 环境合规评估：确保化工企业遵循所有适用的环境法规和标准。

- 环境影响评估：在新项目开展之前，进行全面的环境影响评估，确保可持续发展。

6. 绿色化学与可持续发展

- 绿色化学原料与工艺：推动使用更环保的原料和生产工艺。
- 可持续供应链管理：确保整个供应链的可持续性。

7. 环境教育与社会责任

- 社区参与沟通：增进社区理解和参与，确保化工项目与社区和谐共存。
- 员工与公众环保教育：增强员工和公众的环保意识。

环境保护是一个复杂和多维的领域，涉及多个学科和专业，包括化学、生物学、土木工程、法律等。成功的环境保护还需要多方的合作和努力，包括政府、企业、社区和个人。如果你对这个方向感兴趣，可能需要考虑增强跨学科的学习和合作。

在了解了各个方向都包含了哪些方面之后，你可以选择自己感兴趣的方面进行更进一步的了解。

比如，你可以继续询问 ChatGPT 某个方面在中国的发展如何，有哪些相关的企业，从事这方面工作需要掌握哪些技能等，直到你把感兴趣的了解清楚为止。

如果让 ChatGPT 帮你进行人生规划，则还需要让其了解你的信息，比如性别、年龄、家庭情况等。

下文分享一个相应的模板，只要按照这个模板进行询问即可，如下所示。

我：希望你结合我的个人情况以及当前各行业的情况为我做出一份人生规划，我现在还在上大学，目前大三，学的是安全工程专业。不知道毕业后该考研还是工作，如果工作的话，是考公务员还是考事业编，是进企业抑或

自主创业，我的性格是比较容易满足，包容性强，不喜欢冒险，喜欢稳定。我来自农村家庭，父母健在，他们主要靠种地和打零工为生，但我想留在城市，你帮我做一个未来5年的规划。

ChatGPT：当然，根据你所提供的个人情况以及你的专业背景，我可以帮助你制定一个未来5年的人生规划。以下是针对你的特定情况的规划方案。

1. 第一年：大三至大四

学习与技能提升

- 专注于学习安全工程专业课程，力争取得优异的成绩。

- 参加实习或项目，获取实际工作经验和实际操作技能。

- 根据兴趣和未来职业方向，选择相关的证书进行考取，如注册安全工程师证书等。

职业方向选择

- 深入了解安全工程专业的不同方向，包括工业安全、环境保护、法规等，确定自己最感兴趣的方向。

- 与职业导师、学长学姐、行业专家沟通，了解行业现状和未来趋势，以及各个方向的职业发展机会。

2. 第二年：大四至毕业

职业准备

- 如果决定工作，开始准备求职，投递简历，进行面试。

- 如果决定考研，开始准备考研资料，制定复习计划。

职业选择

鉴于你的性格和家庭背景，建议选择稳定的工作环境。以下是几个合适的方向。

- 公务员：稳定的工作和收入，与家庭背景相符，有助于在城市安居。

- 事业编：如医院、学校等公共单位的安全管理岗位。

- 大型企业：如国有企业或大型民营企业的安全工程岗位。

3. 第三年至第五年：毕业后的职业生涯

职业稳定与成长

- 根据第二年的选择，投入工作或研究生学习，努力适应新环境，积累经验。
- 寻找职业发展的机会，如内部晋升、培训等。
- 如果选择工作，则考虑继续深造，通过夜校、远程教育等方式提高学历和技能。

家庭与生活

- 考虑在城市稳定下来，与家人沟通，逐步改善生活条件。
- 根据家庭需求，适当回乡支援，也可考虑把父母接到城市生活。

结语

你的性格和背景让你更倾向于选择稳定和有保障的职业道路。结合你的安全工程专业，公共部门或大型企业可能是理想的选择。无论选择工作还是继续深造，都应积极准备，充分利用在校资源，了解行业和职业方向。未来五年是人生的关键时期，希望你能够努力实现自己的目标，既满足自己的职业追求，也顾及家庭的需求。

ChatGPT 根据个人情况，给出了未来五年的人生规划，该规划并没有直接规定该如何做，给出的更像是建议，因为最终的决定权还是在我们自己手上。

ChatGPT 结合相关专业和众多例子之后，才给出了优化建议，我们在综合考虑之后就可以做出准确的决定。

在这个快速变化的时代，我们面临着无数的选择和挑战，人生规划变得愈发复杂和重要。通过使用 ChatGPT，我们得以深入挖掘个人的兴趣、潜能和职业方向，制定出更精准、有针对性的人生规划。

ChatGPT 不仅帮助我们更好地理解自己，更为未来的道路提供了明确的指引。尽管机器无法完全替代人类的直觉和经验，但 ChatGPT 的智能分析与建议确实为我们的人生决策提供了有力的支持。

7.2 让 ChatGPT 成为你的情感助手

在这个迅速发展且日益复杂的社交环境中，人们越来越需要寻找安全的港湾，倾听与理解，以便分享自己的情感和焦虑。

当你在学习或者工作中，遇见不顺心的事情时，只要向别人倾诉出去，心里就会好受许多。然而，在快节奏的现代生活中，找到一个可以随时倾诉的人并不容易。

如果你足够幸运，有人愿意听你的倾诉。但如果你长期向其输送负能量，也是一种极其不好的行为。

ChatGPT 作为当今先进的语言处理 AI 模型，可以成为你完美的情感助手。它可以随时作为你的倾诉对象，永远也不会被负能量影响。

与人类的情感助理相比，ChatGPT 的优势在于其始终可用，不受时间和地点的限制。而且，作为一款机器，它不会对你的分享做出任何评判，为那些担心被误解或批判的人提供了一个安全的倾诉空间。

比如，当你在工作遇到了和同事意见不合的问题，这时你可以向 ChatGPT 寻求帮助，如下所示。

我：你好，我的同事和我的意见一直不一致，但是他的想法明显行不通，我的意见他也听不进去，我现在很苦恼，应该怎么办才好?

ChatGPT：你所描述的情况确实令人头疼，与同事的意见分歧和沟通障碍很容易让人感到沮丧。下面是一些可能有助于解决问题的策略。

1. 找到共同点：尝试从他的观点出发，寻找你们意见之间的共同点，然后再逐渐引导到你认为合适的方向。

2. 倾听并提问：有时候，真正倾听对方的意见，并询问他们为何持有某个观点可能更有助于理解彼此。这样做可能会揭示隐藏的担忧或需求，有助于找到共同的解决方案。

3. 保持冷静和专业：尽量避免情绪化，因为这可能会使问题复杂化。保持冷静和专业，可以使沟通更加流畅。

4. 提出证据和理由：如果你认为他的方案行不通，尽量以事实和数据来支持你的观点，而不仅仅是基于个人感受。

5. 寻求第三方协助：如果沟通仍然困难，可以考虑寻找一个中立的第三方，如经理或同事，帮助调解。他们可能能提供一个新的视角或解决方案。

6. 设定清晰的目标：共同确认你们的工作目标，然后探讨达成这些目标的最佳方式，这样可能有助于你们找到共识。

7. 如果必要，学会妥协：在某些情况下，如果你们的分歧并不是关键问题，也许可以考虑妥协，不要因为一些小问题争论。

8. 反思沟通方式：也许问题并不在于你们的观点，而在于你们的沟通方式。可以考虑改变沟通的方式和时机，这样可能会有所帮助。

9. 设定边界：如果一切努力都失败了，考虑设立与该同事合作的边界和规则，以便保护自己和项目的最佳利益。

记住，有效的沟通需要时间和耐心。可能需要多次尝试不同的策略，才能找到合适的解决方案。保持开放和灵活，对自己和同事保持理解和同情，有助于渡过这一困境。

在日常工作中，和同事意见不合的情况并不少见，当遇见这种问题时，我们往往不知该向谁倾诉。如今有了 ChatGPT，我们可以让 ChatGPT 给一些建议。

ChatGPT 就像一个知心的朋友，它会耐心地听你的倾诉，然后给你积极的回复。

不仅和同事之间，情侣之间如果出现了矛盾也可以找 ChatGPT 寻求安慰。

比如，你和你的男朋友关于偶像的问题吵架了，你非常生气，也没有人安慰你，这时你就可以找 ChatGPT，如下所示。

我：今天早上我和我的男朋友吵了一架，他把我气哭了。他认为我不应该追星，我怎么说他都不愿意听，最后吵了起来。现在我还在生气，你能不能安慰下我，并且教教我该怎么说服他。

ChatGPT：首先，我非常理解你现在的心情。吵架总让人感觉沮丧和伤心，特别是当涉及个人爱好和价值观的时候。下面是一些可能有助于你的安慰和建议。

安慰

1. 你的感受是合理的：你的兴趣和爱好是个人自由的一部分。感受到被误解或不被接受是非常正常的。

2. 给自己一些时间和空间：吵架后的心情可能非常糟糕。允许自己休息一下，做一些自己喜欢的事情，如听音乐、看电影或与朋友聊天。

3. 不必太苛责自己：意见分歧和争论在任何关系中都是正常的。关键是如何解决这些问题，并从中学习和成长。

如何说服他

1. 等情绪平静后再沟通：等双方都冷静下来之后，选择一个合适的时机和地点，坐下来平静地谈谈你们的感受。

2. 使用“我”陈述：表达自己的感受，而不是对他的行为指责。例如，你可以说：“我觉得追星是我生活中的一部分，它让我感到快乐，我希望你能理解。”

3. 询问他的担忧：试着了解他为何反对你追星。是担心你会忽视他或有其他原因吗？了解他的担忧有助于找到解决方案。

4. 共同找到解决方案：提出一些妥协方案，例如设定一些合理的时间和资源限制，或确保它不会影响到你们之间的相处时间。

5. 表达你对他的尊重和爱：让他知道你尊重他的感受，但希望他也能尊重你的爱好。强调你们的关系和对彼此的爱意仍然是首要的。

6. 如果需要，寻求第三方协助：如果沟通仍然困难，可以考虑寻求一位值得信任的朋友或专业人士帮助调解。

最后，记住，这样的分歧并不是无法克服的障碍。通过努力、理解和沟通，你们可以增强彼此的理解和信任，从而使关系更加坚固。

ChatGPT 的安慰非常有条理，它从提问者的角度出发进行安慰，这和朋友的安慰角度是一致的。

其给出的说服方法具有一定的可行性，相信按照 ChatGPT 给出的说服方法进行行动，定会得到一个令人满意的结果。

把 ChatGPT 当作情感助手，你不仅可以在心情不好时向其倾诉，更可以和其一直探讨某个情感问题。

比如，暗恋一个人是大胆地去表白还是默默地把其放在心里，你就可以与 ChatGPT 探讨，如下所示。

我：我有一个朋友，他正在读高三，他暗恋班级里的一名女生，你觉得他要不要去表白？

ChatGPT：暗恋是一件很正常的事情，特别是在青少年时期。关于你朋友是否应该向他暗恋的女生表白，没有固定的答案，因为这要取决于许多因素。以下是一些可能有助于你和他思考的方面。

考虑表白的理由

- 了解感受：他对这个女生的感觉是短暂的迷恋，还是更深层次的情感？理解自己的感受有助于做出更明智的决定。

- 了解彼此关系：他与这个女生的关系如何？他们是否经常交往，彼此了解吗？

表白的时机

- 高三的压力：高三是一个学习压力非常大的时期。考虑到你们所在地区的文化和教育体系，他是否觉得现在是合适的时机，会不会影响学习？

- 毕业后的计划：如果即将毕业，他们的未来计划是否会让继续发展这段关系变得困难？

如果决定表白，考虑以下方面

- 如何表白：如果他决定表白，他应该思考如何以一种尊重和不会让她感到不舒服的方式表达自己的感受。

- 准备面对可能的结果：表白可能有多种结果，包括积极和消极的结果。他是否准备好面对各种可能性，并且知道如何处理？

如果决定不表白，考虑以下方面

- 理解自己的选择：如果他选择不表白，要清楚做出这个决定的原因，并找到其他方法来处理自己的感受。

总的来说，这个决定非常个人化，并且涉及许多复杂的情感和现实因素。你可以和你的朋友一起探讨上述问题，并支持他做出最适合他自己的决定。无论他的选择如何，作为朋友，你的理解和支持都是非常宝贵的。

当和 ChatGPT 讨论问题时，你会发现它可对问题进行理智地多角度地分析，和其进行探讨往往会让自己冷静下来。

在看完 ChatGPT 的理智分析之后，你还可以接着向其说出自己的看法。

比如，你觉得你朋友和他暗恋的人并不合适，你可以继续和 ChatGPT 进行探讨，如下所示。

我：我觉得他俩不适合，因为我的另一个朋友也喜欢这个女生。

ChatGPT：这种情况确实让人感到为难。两个朋友喜欢同一个人可能会引发一些复杂和敏感的情感问题。在这种情况下，你可能会感到自己处于一个微妙的位置，因为你与双方都有友情关系。以下是一些可能的处理这种情况的建议。

1. 保持中立：尽量避免在这个问题上站队。虽然你觉得其中一个朋友更适合这个女生，但表达这个观点可能会导致另一个朋友感到被背叛或误解。

2. 提供支持，但不干预：你可以作为一个倾听的耳朵，让他们分别表达自己的感受，但避免直接干预或试图影响他们的决定。

3. 鼓励他们自己思考：你可以鼓励每个朋友思考他们自己的感受，以及与这个女生的关系和相处情况，从而自己做出最合适的决定。

ChatGPT 作为一种人工智能工具，上面的对话足以证明其在提供情感支持方面的潜力。它为人们提供了一个探索和表达自己情感的安全、私密的空间，减小了与人沟通的压力。

把 ChatGPT 当作一个补充工具，能够弥补人们日常生活中的一些情感沟通缺口，在一定程度上能替代真实的人际互动和专业关怀。

随着人工智能技术的进一步发展，ChatGPT 等工具在理解和回应人类情感方面的能力将得到进一步提升。

总而言之，如今 ChatGPT 在成为情感助手的道路上已经展现出巨大的潜力，它为人们打开了一扇了解自己内心世界的新窗口，也对人们加强与技术互动提供了新机遇。

7.3 ChatGPT 化身赤脚心理医生

上一节介绍了 ChatGPT 可以成为每个人的情感助手，除了可以成为情感助手，ChatGPT 还可以成为赤脚心理医生。

“赤脚医生”一词起源于中国二十世纪五六十年代，它代表一群接受过基本医疗知识教育的医生，他们活跃在乡村，在当时那个医疗资源匮乏的年代，有着巨大的贡献。

而在当今社会，随着生活节奏的加快，竞争压力的增大，人们开始出现一系列复杂的心理健康问题，比如焦虑与压力、社交障碍、抑郁症、青少年心理健康问题等。

在医疗资源欠缺、咨询费用较高的情况下，我们可以让 ChatGPT 来帮忙，如下所示。

我：你现在将扮演一名专业的心理医生。你好，我刚大学毕业一年，同时也工作了一年，在工作中我经常受到领导的批评，因为我总是做错事，我的爸妈一直劝我回村里结婚，但是我不想回去，现在工作和家庭这两方的压力压得我喘不过气来，我该怎么办?

ChatGPT：你好，首先，我很遗憾听到你面临的困境和压力。在生活的各个阶段，很多人都会经历与工作和家庭相关的压力。我会尽量提供一些建议和策略，希望能帮助你应对。

1. 自我反思与技能提升：如果你经常在工作中犯错，花些时间深入了解问题的根源。是因为缺乏某种技能、知识，还是因为其他原因（如分心、压力等）？如果是前者，考虑参加一些培训或工作坊，提高你的能力。如果是后者，学习一些应对压力的策略或者时间管理的方法可能会有帮助。

2. 与领导沟通：考虑找个合适的时机与领导进行沟通，了解他们的期望和对你的反馈。这不仅可以帮助你清晰地了解需要改进的地方，还可以建立更好的工作关系。

3. 家庭沟通：考虑与你的父母沟通，解释你的想法和感受。他们可能不完全了解城市工作的压力和你的愿景。和家人保持开放的沟通，让他们知道你的决定背后的原因和你对未来的打算。

4. 心理健康：面对压力，保持身心健康非常重要。考虑尝试一些放松技巧，例如冥想、瑜伽或深呼吸练习。如果感到压力过大，可能需要寻求专业心理咨询师的帮助。

5. 建立支持系统：找到一些支持你的朋友或者同事，与他们分享你的感受。有时候，仅仅是有人倾听你的感受，都会让你感觉好很多。

6. 设定界限：如果你的家庭压力太大，考虑为自己设定一些界限。例如，告诉你的家人，在某个时间段内你想专注于自己的事业发展，希望他们理解。

最后，记住每个人都会面临困难和挑战，但是通过努力、持续的学习和自我关怀，你可以更好地应对这些挑战。希望你能找到最适合自己的解决方式。

ChatGPT 的回答是非常理智中肯的，它并没有让我们在遇到困难时逃避，而是鼓励我们积极面对，并且给出了具体的行动措施。

ChatGPT 提到很多人在成长过程中都会面对来自家庭和工作的压力，这时我们需要积极地和家人、领导沟通，这是解决问题的非常好的办法。

当然一次对话很难起到立竿见影的效果，不过我们可以一直和 ChatGPT 对话，把自己遇到的问题慢慢地告诉 ChatGPT，这样 ChatGPT 就可以帮助我们把问题一一解决，如下所示。

我：我朋友很少，没有倾诉的对象，另外我更不想和父母沟通，因为每次沟通我们都会以大吵一架结束，你有什么好的办法吗？

ChatGPT：很抱歉听到你现在的处境。与亲人的沟通不畅、感觉孤立或没有倾诉的对象，确实可能会增加感情上的压力。这里有一些建议供你参考。

1. 寻求专业帮助：如果你觉得自己的情绪或心情很低落，建议考虑咨询心理健康专家。他们能为你提供专业的建议和策略，帮助你处理和解决问题。

2. 参加社团或活动：尝试加入一些社团、团体或活动。这可以帮助你扩大社交圈，认识新朋友，也是一个释放压力的好方式。

3. 学习独立处理情感的方法：有时候，我们可能需要独立面对一些问题。你可以学习一些冥想、写日记或其他放松技巧，来处理和调整自己的情感。

4. 设置和家人的界限：如果每次和家人的沟通都导致冲突，那么可能需要考虑暂时为自己设定一些界限，以减少争吵。例如，你可以告诉他们你目前需要一些空间和时间来思考自己的生活。

5. 网络社交平台：有一些网络社区和论坛专门为人们提供交流和倾诉的平台。你可以尝试加入这些社区，与其他人分享自己的感受和想法。

6. 学习沟通技巧：尽管目前与家人的沟通存在困难，但学习一些沟通技巧可能对未来的沟通有所帮助。例如，学习如何有效地表达自己的感受，如何倾听他人，以及如何避免冲突的升级。

无论你选择采取何种策略，都请记住：你并不孤单，总有办法去寻求帮助和支持。希望你能够找到适合自己的方式，度过这段困难时期。

ChatGPT 每次都会耐心地解答疑问，而且每次都针对问题给出好几种解决方法。

在如今不是每个人都能轻易找到专业的心理援助的背景下，“ChatGPT 化身赤脚心理医生”不仅是一次技术尝试，更是一种人文关怀的体现。

ChatGPT 作为一名“赤脚心理医生”，虽无法替代专业心理医生的深度诊断与治疗，却可以为更多人提供及时的倾听和初步的引导。它打破了地域和时间的限制，让人们在孤独、困惑和沮丧时找到一个说话的出口。

未来，人工智能的潜力仍待我们共同挖掘，而它与人类心灵的相遇，更是一次全新的人机交流体验。让我们期待在技术与人性的交融中，找到更多温暖人心的可能性。

7.4 这是一份超详细的出游攻略

虽说有人向往说走就走的旅行，但是绝大部分人都会在旅行前制定好旅游攻略，毕竟每一次假期都是相当珍贵的。一份好的出游攻略能让我们充分利用假期时间。

人们制定旅游攻略的方法随着科技的发展，也在不断地发生着改变，从传统的导游书籍和旅行社服务，到现在可以随时随地访问的智能化在线信息，旅行已经变得前所未有的便捷和个性化。

以前想要制定一份详细的出游攻略无疑是非常耗时的，因为我们需要查阅大量的资料，并从中筛选出有用、正确的信息。如今有了 ChatGPT 帮忙，一切将变得非常轻松简单。

我们可以先问问 ChatGPT 要制定一份详细的出游攻略都需要哪些信息，然后按照回答进行操作即可，如下所示。

我：请问如果我想让你帮我制定一份详细的假期出游攻略，我需要提供什么信息？

ChatGPT：当然，如果你想让我帮助你制定一份详细的假期出游攻略，以下是一些关键的信息，以便我能更好地理解你的需求并为你量身定制攻略。

1. 目的地：你计划去哪里旅行？有没有具体的城市或景点？

2. 旅行日期与天数：你计划的出发日期和返回日期是什么？一共旅行几天？

3. 旅行预算：你的旅行预算是多少？需要考虑的费用包括交通、住宿、餐饮、门票等。

4. 旅行人数与组成：与你一起旅行的人数是多少？有没有小孩或老人？有无特殊需求，如无障碍设施等？

5. 旅行风格和兴趣爱好：你更倾向于自然风光、文化探索、休闲度假还是冒险体验？有无特定兴趣，如摄影、美食、徒步等？

6. 住宿偏好：你更喜欢酒店、民宿、露营还是其他类型的住宿？有无特定的设施需求，如游泳池、健身房等？

7. 交通方式：你倾向于何种交通方式？如飞机、火车、租车自驾等。

8. 餐饮偏好与膳食要求：有无特定的餐饮要求或口味偏好？例如素食、海鲜等。

9. 重要景点与活动：有无必去的景点或参与的活动？如当地特色体验、节日活动等。

10. 健康与安全考虑：有无特殊的健康需求或安全考虑，如药物、疫苗、保险等。

11. 特殊要求与其他信息：有无其他特别的要求或需求，如礼品购买、特别的庆祝活动等。

提供这些信息可以帮助我为你打造一份详尽、贴切的旅游攻略，确保你的旅程既顺利又愉快。如果有任何不确定或想要探索的部分，也可以告诉我，我会为你提供不同的选项供你选择。

ChatGPT 所需的信息中，如果出现我们自身不确定的，比如目的地有好几个，不知道该如何选择，可以让 ChatGPT 帮忙，把几个目的地的可玩性进行比较，然后给出建议。

在确定目的地之后即可让其根据你的旅行天数、旅行人数等信息来制定相应的出游攻略。

比如，你想去的地方有青岛、成都和苏州这三个地方，但是并不知道选择哪一个更好，这时就可以让 ChatGPT 把这三个地方的可玩性都列举出来并进行比较，如下所示。

我：你好，国庆假期我有三个地方想去，分别是青岛、成都和苏州，但是我不知道该去哪一个地方，你能不能从美食和景点这两方面把这三个地方进行比较，然后给出建议。

ChatGPT：当然！下面我将从美食和景点这两个方面比较青岛、成都和苏州这三个城市，帮助你更好地做出决策。

青岛

美食：

- 海鲜：青岛以其丰富的海鲜而闻名，如啤酒炒蛤蜊、海鲜煎饼等。
- 啤酒：青岛国际啤酒节是亮点，可以品尝到当地的各种啤酒。

景点：

- 海滨风光：如栈桥、石老人、金沙滩等，都是迷人的海滨风景。
- 历史建筑：如德国风格的建筑、八大关等，体现了浓厚的历史文化底蕴。

成都

美食：

- 火锅与小吃：成都作为美食之都，火锅、麻辣串串、龙抄手等美食让人难以忘怀。
- 甜品：如甜水面、冰粉等，口感独特。

景点：

- 文化景点：武侯祠、杜甫草堂等，富有历史文化氛围。
- 大熊猫基地：近距离观看和了解大熊猫。
- 四川戏剧：可以欣赏到传统的川剧变脸表演。

苏州

美食：

- 粤菜与甜点：如松鼠鱼、阳澄湖大闸蟹、糖果糕点等，口味清淡。
- 茶文化：比如碧螺春，有很深的茶文化底蕴。

景点：

- 古典园林：如拙政园、狮子林等，展现了中国古典园林的精致之美。
- 水乡风光：如周庄、同里等古镇，具有江南水乡的特色。

建议

– 如果你倾向于海滨风光和丰富的海鲜，青岛将是最佳选择。

– 如果你热爱辣味美食，想深入了解中国传统文化，成都是一个不错的目的地。

– 如果你想体验江南的水乡风光和优雅的园林美景，以及品味精致的苏州菜，那么苏州是理想的选择。

当然，还要考虑旅行日期、人潮等因素，可以根据自己的具体喜好和实际情况做出最终决策。希望这些信息对你有所帮助！

ChatGPT 把这三个城市对应的美食以及旅游景点都列举了出来，且在最后给出了相应的建议。

假如你很喜欢吃辣，最后确定去成都旅游，就可以让 ChatGPT 帮忙制定旅游攻略了。

按照 ChatGPT 的要求，把对应的信息发给它，它就可以帮你制定出一份旅游攻略。你可以让其制定出每一天的旅游攻略。

比如，你打算趁着国庆假期和妻子以及孩子去成都旅游三天，这时就可以让 ChatGPT 制定出一份详细的旅游攻略，可以按照如下的模板询问。

我：你好，我想带着我的妻子以及 6 岁的儿子在 9 月 30 日从石家庄出发去成都旅游，在 10 月 4 日晚上回来，打算乘飞机往返，预算在 6000 元左右，主要品尝成都特色美食以及带孩子去看大熊猫。现在你帮我制定一份从出发到返回的每一天的详细出游攻略，比如第一天去哪里，住哪里，第二天去哪里，住哪里等。

ChatGPT：当然，根据你提供的信息，以下是一份为期 5 天的成都旅游攻略，重点是品尝特色美食和带孩子看大熊猫。

第一天：9月30日（石家庄—成都）

上午

- 从石家庄乘坐飞机前往成都（记得提前2小时到机场办理登机手续）。

下午

- 抵达成都，办理酒店入住手续。建议选择市中心地段，例如成都市锦江区春熙路附近的经济型酒店，方便交通和用餐。

晚上

- 探索附近的美食，如宽窄巷子，享受成都小吃和特色火锅。

第二天：10月1日（大熊猫基地—人民公园）

上午

- 前往成都大熊猫繁育研究基地，最好早点到达，因为早晨大熊猫较为活跃。

下午

- 前往人民公园，品茶、欣赏茶艺表演。

晚上

- 前往合江亭附近的餐馆，享用当地特色餐点。

第三天：10月2日（武侯祠—杜甫草堂）

上午

- 游览武侯祠，感受三国历史文化。

下午

- 探访杜甫草堂，品味古诗文化。

- 逛锦里古街，可品尝当地小吃。

晚上

- 在附近的火锅店享受四川火锅。

第四天：10月3日（锦里古街—春熙路购物）

上午

- 再次游览锦里古街，购买一些特产、纪念品。

下午

- 前往春熙路商圈，享受购物乐趣，同时品尝街边美食。

晚上

- 在春熙路附近的餐厅享用晚餐。

第五天：10月4日（自由活动—回石家庄）

上午

- 根据兴趣进行自由活动，如再次品味美食或者逛逛商场。

下午

- 办理酒店退房，前往机场准备返回石家庄。

晚上

- 到达石家庄，结束愉快的旅程。

预算

- 机票：约1000元/人 × 3 = 3000元
- 住宿：约300元/晚 × 4晚 = 1200元
- 交通：约200元
- 餐饮与门票：约1600元
- 总计：约6000元

请注意，由于旅游高峰期，酒店和机票可能会涨价，最好提前订购。此外，攻略中的景点和活动可根据实际情况和兴趣稍作调整。

祝你和家人在成都度过一段美好的时光！如果有任何其他问题或需求，请随时询问。

从上文的交流中，可以看到ChatGPT不仅能理解复杂的需求，还能结合现实情况，提供个性化、细致入微的旅游攻略。

比如，它提到看大熊猫最好早上去，因为大熊猫早上更活跃。这一点不仅体现了人工智能技术的强大功能，更展示了科技与人们日常生活的紧密结合。

ChatGPT 制定的这份旅游攻略，不仅提供了旅行的经济预算，还兼顾了全家人的兴趣爱好和孩子的需求，体现了一份旅游攻略应有的温度和人情味。

ChatGPT 制定的详细的旅游攻略无论对美食的推荐，还是对住宿和交通的安排，都进行了全面且细致的考虑。

7.5 本章小结

本章深入探讨了如何通过使用 ChatGPT 让生活更便捷，涵盖了几个主要方面，包括人生规划、情感咨询、心理健康支持、旅行攻略制定。

首先，在人生规划方面，ChatGPT 表现得尤为强大。它通过自己的数据分析和逻辑推理能力，为用户提供职业、教育等多方面的有益建议。这不仅能让人们对未来有更明确的规划，还有助于他们在各种选择面前做出更明智的决策。

其次，ChatGPT 也是一名出色的“情感助手”。无论是恋爱问题、家庭矛盾还是友情困扰，它都能提供有针对性的建议和心理支持。尽管它不能替代专业的心理咨询服务，但在大多数情况下，它的建议还是非常有用的。

然后，ChatGPT 也可以作为“赤脚心理医生”为心理医疗资源薄弱的地区提供支持。它可以提供初级心理咨询，帮助人们更好地了解自己的心理状态，在一定程度上缓解了心理医疗资源分布不均的情况。

最后，在旅行规划方面，ChatGPT 的功能同样强大。它可以根据用户的具体需求和偏好，提供非常详细的出游攻略，包括景点推荐、交通方式、食宿建议等，大大节省了旅行者的时间和精力。

总而言之，ChatGPT 可以令我们的生活更加便捷。然而，需要注意的是，尽管 ChatGPT 具有这么多优点和功能，但它终究不能替代专业人士。因此，在利用 ChatGPT 进行决策或解决问题时，合理地结合专业建议和个人判断，将是更为明智的做法。

结　语

亲爱的读者：

你们好。

如果你能坚持读到这里，恭喜你！你现在已经是一个ChatGPT驾驭大师（或者至少是个高级学徒）。在这本书里，我们一起探索了如何让ChatGPT成为你的得力助手，而不是一个会讲笑话闹笑话的搬运工。

我们应该澄清一点：人工智能并不会取代人类，它只是一个工具，就像锤子、螺丝刀、遥控器一样。

在读完这本书之后，你可能会问："好了，我已经知道如何与ChatGPT互动，那我现在应该做什么？"答案很简单：去创造，去探索，去实现那些你以前认为不可能的事情。

记住，ChatGPT就像你的智能助手，但它并不是万能的，它也有局限性。它不会自动知道你最喜欢的冰激凌口味（除非你告诉它），也不会在你生日时给你送蛋糕（但它会提醒你去买一个）。

在你与ChatGPT的冒险旅程中，不妨加入一点幽默和创造性。毕竟，我们在与一个知道数百万个笑话、诗歌和故事的机器沟通，在自己难过想找一些笑话让自己开心时就找ChatGPT。

感谢你的阅读，祝你在人工智能的帮助下学习顺利，工作顺利，玩得开心。